目　录

第 1 章　无人机基本知识

第 2 章　航拍风险处理

第 3 章　航拍工具用法

第 4 章　航拍基本动作

无人机技术及应用系列丛书
互联网+创新型+校企合作“十四五”精品教材

无人机航拍技术
（微课版）

主　编◎李伟欣　叶志刚　周点一
副主编◎刘　洋　王宝军　廖韵如　王跃儒

哈爾濱工程大學出版社
Harbin Engineering University Press

内 容 简 介

本书共10章，主要包括无人机基本知识、航拍风险处理、航拍工具用法、航拍基本动作、航拍构图技巧、航拍照片与视频、智能模式航拍、全景与夜景航拍、高级航拍技巧以及专题航拍实战。本书以实战为核心内容，帮助读者快速掌握无人机航拍的操作方法，学会无人机各种航拍镜头，快速提升航拍水平，轻松成为航拍高手。

本书图片精美丰富，讲解深入浅出，实战性强，既可作为应用型本科院校、职业院校无人机专业的教材，也可作为从事商业、景区、人像、广告等领域拍摄的摄影师的阅读参考用书。

图书在版编目（CIP）数据

无人机航拍技术 ： 微课版 / 李伟欣，叶志刚，周点一主编. -- 哈尔滨 ： 哈尔滨工程大学出版社，2025. 4.
ISBN 978-7-5661-4747-9

Ⅰ. TB869

中国国家版本馆 CIP 数据核字第 2025E090F5 号

无人机航拍技术（微课版）
WURENJI HANGPAI JISHU（WEIKE BAN）

选题策划 张林峰
责任编辑 章银武

出版发行 哈尔滨工程大学出版社
社　　址 哈尔滨市南岗区南通大街 145 号
邮政编码 150001
电　　话 0451-82519328
传　　真 0451-82519699
经　　销 新华书店
印　　刷 三河市中晟雅豪印务有限公司
开　　本 787 mm×1 092 mm　1/16
印　　张 13
字　　数 333 千字
版　　次 2025 年 4 月第 1 版
印　　次 2025 年 4 月第 1 次印刷
书　　号 ISBN 978-7-5661-4747-9
定　　价 68.00 元
http://www.hrbeupress.com
E-mail:heupress@hrbeu.edu.cn

前　言

党的二十大报告提出，“建设现代化产业体系，坚持把发展经济的着力点放在实体经济上，推进新型工业化，加快建设制造强国、质量强国、航天强国、交通强国、网络强国、数字中国”。

随着无人机技术的发展，航拍形式也越来越多样化。2023 年生产的大疆 Mavic 3 Pro 无人机升级了 3 个相机镜头，配备了广角和长焦镜头，在固件上也在不断地更新。

对于掌握了一定的无人机航拍技术的用户而言，拍出酷炫、精美的视频是一件非常引以为傲的事情。本书从构思构图到航拍技巧，内容全面且详细。本书特点如下。

（1）实拍的视频教学：为了帮助读者学会书中的航拍技巧，本书通过实地、实景、实拍，制作了实屏教学视频，让读者可以一目了然，学习到更多的航拍技能和技巧。

（2）海量的航拍技术：本书安排了 98 个航拍实战范例，详细介绍了起飞、降落、返航、拍照模式、录像模式、大师镜头、一键短片、延时摄影、全景模式等，读者可以边学边用。

（3）丰富的专题讲解：本书详细介绍了晚霞、建筑、公园、人像、烟花、汽车、桥梁以及宣传片等专题航拍内容，帮助读者快速掌握各种主题的航拍技巧，在实战中掌握航拍技能。

本书由李伟欣（山东商务职业学院）、叶志刚（内蒙古师范大学地理科学学院）、周点一（深圳飞砂科技有限公司）担任主编，由刘洋（重庆科创职业学院）、王宝军（西安爱生技术集团有限公司）、廖韵如（江西航空职业技术学院）、王跃儒（北京建筑大学）担任副主编。本书的相关资料和售后服务可扫封底微信二维码或登录 www.bjzzwh.com 下载获得。

温馨提示：本书所有的视频均由大疆 Mavic 3 Pro 无人机拍摄。本书的所有摇杆操控方式，均以“美国手”为例。

在编写本书时，是基于当前软件版本截取的实际操作图片（DJI Fly App 版本 1.10.0），但本书从编辑到出版需要一段时间，在这段时间里，软件界面与功能可能会有调整与变化，比如有的内容删除了，有的内容增加了，这是软件开发商所做的更新，请在阅读时根据书中的思路，举一反三，进行学习即可，不必拘泥于细微的变化。

由于编者水平有限，书中难免存在疏漏和不当之处，敬请广大读者批评指正。

编　者

第 5 章 航拍构图技巧

第 6 章 航拍照片与视频

第 7 章 智能模式航拍

第 8 章 全景与夜景航拍

第 9 章 高级航拍技巧

第 10 章 专题航拍实战

第 1 章 无人机基本知识

1

大疆公司在发布了大疆 Mavic 3 和大疆 Mavic 3 Classic 经典款之后，在 2023 年 4 月 25 日，重磅发布了 Mavic 3 系列的新款机型——大疆 Mavic 3 Pro。御 3 Pro 配备了三颗摄像头，支持全焦段光学变焦，影像能力更强大。本章以大疆 Mavic 3 Pro 为主，向读者介绍检验无人机、认识配件以及注意起飞与降落细节等内容。

本章重点

- 了解检验无人机的要点
- 认识配件
- 了解起飞与降落细节

思政目标

- 认识无人机的基础操作与安全意识，强调技术运用需遵守规范，培养责任感和团队协作精神
- 强调学习无人机技术需要细致入微的态度，注重细节、严谨性与实践能力的培养

1.1 检验无人机

当购买了无人机之后，需要掌握一定的验货技巧，这样才能确保收到的无人机是完整的，比如对无人机进行开箱验货、核对无人机的配件与物品清单、检验与测试无人机的性能等方面。本节主要介绍检验无人机的要点。

1.1.1 验货

当拿到无人机后，要进行开箱检查。图 1-1 为大疆 Mavic 3 Pro 无人机的开箱状态。在开箱之后，首先需要检查无人机的机身以及各配件是否齐全，外观有无破损的现象。如果无人机的机身或配件有损伤，一定要及时联系售后解决问题，严禁带着有问题或破损的无人机飞行，这样会有很大的安全隐患。

图 1-1 大疆 Mavic 3 Pro 无人机的开箱状态

对于无人机有哪些物品，在开箱验货的时候要一一核对和检查，否则可能会出现配件缺失的情况，所以验货时一定要仔细。

下面以大疆 Mavic 3 Pro 为例，介绍官方标配畅飞套装中的物品清单列表。

- 飞行器：1 个。
- DJI RC 带屏遥控器：1 个。
- 智能飞行电池：3 块。
- 单肩包：1 个。
- 备用降噪螺旋桨：4 对。
- 收纳保护罩：1 个。
- 充电器 AC 电源线：1 根。
- 备用摇杆：1 对。
- 100 W 桌面充电器：1 个。
- 100 W 充电管家：1 个。
- 双头 USB-C 数据线：2 根。

➢ ND 滤镜：1 套。

大疆 Mavic 3 Pro 畅飞套装物品清单如图 1-2 所示。

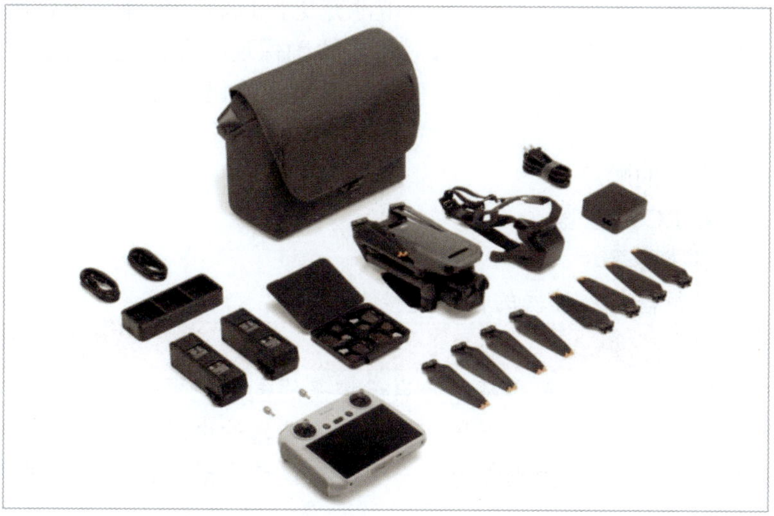

图 1-2　大疆 Mavic 3 Pro 畅飞套装物品清单

虽然大疆 Mavic 3 Pro 自带 8 GB 的机载内存，但用户最好购买一张内存卡扩展容量。另外，对于有录屏需求的用户，也可以为带屏遥控器再购买一张内存卡。对于内存卡的类型而言，最好买无人机专用的高速内存卡，如图 1-3 所示。喜欢拍视频和照片的用户，也可以多备几张内存卡，以备不时之需。

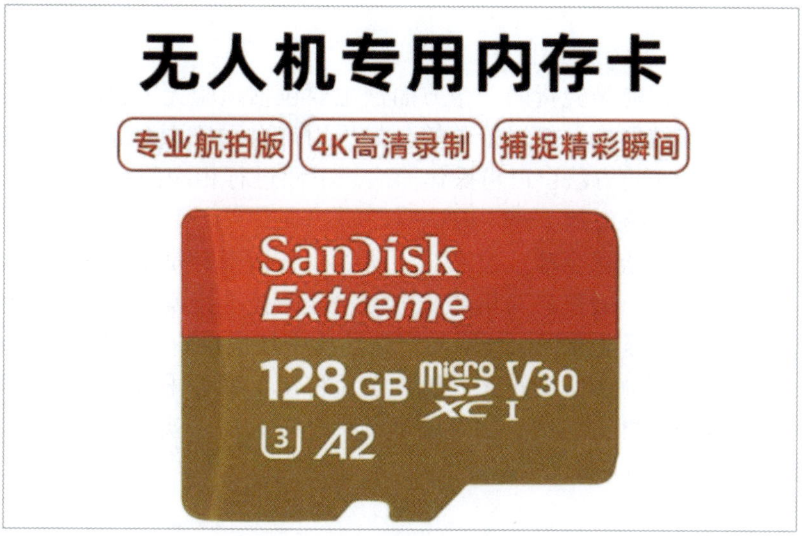

图 1-3　无人机专用的高速内存卡

1.1.2　开机

当在开箱验货中检查与核对完无人机的物品数量之后，就要检查无人机的状态，检查螺旋桨有没有装好，电池有没有卡紧。然后，要掌握无人机的开机顺序，到底是先开飞行器还是先开遥控器呢？开机之后，还要激活无人机，有时候会提示用户固件需要升级，此时需要对固件进行升级操作，以便更安全地飞行无人机。

在首次使用无人机时，需要先给智能飞行电池充电，以激活电池，再将电池安装到无人机的机身上；将无人机与 RC 遥控器进行连接时，需要确保遥控器已连接互联网。在开启无人机的电源之前，要确保飞行器的保护罩已经摘下，前后机臂均已展开，以免影响无人机的自检和启动。

下面介绍开启无人机的顺序。

➢ **第一步：**开启 RC 遥控器。

➢ **第二步：**开启飞行器。

➢ **第三步：**让飞行器与遥控器的信号连接上。

▶ 专家指点

在大疆官方的说明书中，也是介绍先开启遥控器的电源，再开启飞行器的电源。因为飞行器和遥控器的连接是属于一对一的连接，先开启遥控器的电源，就能确保飞行器开机之后不会被别的遥控器连接或干扰。为确保万无一失，建议读者最好按照大疆说明书上的步骤，正确执行开机顺序。

当 RC 遥控器开机之后，需要按照界面提示激活 DJI 设备。根据提示先选择地区和语言，并进行联网操作，然后登录 DJI 账号，就可以进入 DJI Fly App，再把遥控器与无人机的信号相连接。当遥控器连接飞行器之后，就需要升级固件版本。由于下载时间比较漫长，所以还需要保证遥控器有足够的电量。完成所有激活操作之后，就可以开始试飞无人机了。

1.1.3 试飞

检验与测试无人机的性能是验货的一个方面，主要包括检验无人机是否能正常起飞、抗风能力如何？测试电池的续航能力、低温检验等。如果用户自己还不会起飞无人机，可以请商家先验货试飞，然后根据商家的方法自己再操作一次。下面进行相应的介绍。

➢ 是否可以正常校准指南针

无人机在飞行时，非常依赖全球定位系统，所以校准指南针是很关键的一步。中国很大，各个地区的磁场略有不同，一般建议新机器开机后，立即校准指南针。校准指南针一定要远离高大建筑、钢铁和地铁等，尽量选择在开阔的户外场所中校准。新手可以按照 DJI Fly App 中的提示进行操作，先将镜头朝前水平旋转无人机，然后将镜头朝上垂直旋转无人机，即可校准指南针。如果没有校准成功可再次尝试；如果还是没有校准成功，就需要换场所尝试；要是还没有成功校准指南针，就要怀疑机器是否有问题。

➢ 是否能正常飞行

在测试飞行功能时，需要校准遥控器上的摇杆，先打开 DJI Fly App，进入“操控”设置界面，选择“遥控器校准”选项，按照提示将摇杆和拨轮往所有方向的最大值推动，进行遥控器校准。然后将无人机起飞至 5 m 左右的高度，如图 1-4 所示，使其上升、下降、左转、右转、向前、向后、向左、向右，测试无人机是否可以正常飞行、遥控器是否可以正常操作。

图 1-4 将无人机上升至 5 m 左右的高度

➢ 拍摄性能是否正常

在 DJI Fly App 中，先设置 AUTO 自动挡拍摄模式。当画面显示正常后，再拍摄几张照片和几段视频，然后在相册中查看是否可以正常回放照片和视频。如果条件允许的话，还可以取出存储卡，使用读卡器在电脑上进行读取播放。如果可以正常回放，说明拍摄性能完全正常。如果发现照片有彩色条纹，就说明摄像头的数据线出现故障；如果发现照片和视频全黑，那就是无人机出现故障，需要更换新机器。

➢ 测试无人机的避障

此测试建议找熟练飞手测试，新手不建议尝试。无人机默认是打开所有的避障设置，保险起见，建议打开 DJI Fly App 进行复核。先找到一堵墙壁，让无人机飞至离墙壁还有 1.5～3 m 的位置，查看 App 界面中是否有距离提示。如果有距离提示并发出报警，说明无人机的避障是没有问题的。不过最好选择在平稳挡和普通挡中测试，因为无人机在运动挡中的视觉系统是关闭的，不具备任何避障功能。

1.1.4 检查

关于检查无人机的知识，上面已经提及了很多要点。但系统而言，对于无人机的检查，可以分为硬件检查和软件检查两个方面。

1. 硬件检查

硬件检查主要包括以下内容。

➢ 飞行器机身与云台相机是否有损坏、划痕，螺丝、卡扣是否松动等。
➢ 电机启动时是否有异响，排气口是否堵塞。
➢ 螺旋桨是否损坏，型号是否正确，数量是否足够。
➢ 电池是否损坏或异常，电量是否足够，数量是否足够。
➢ 遥控器或手机的电量是否充足，USB-C 连接线是否正常。
➢ 是否安装存储卡，内存是否足够。

➢ 充电器、充电管家是否损坏，能否正常使用。
➢ 电池电量和温度是否有问题。

2. 软件检查

软件检查主要包括以下内容。

➢ 检查 DJI Fly App 界面中的状态栏是否有错误提示和警报信息。
➢ 是否需要模块自检和固件升级。
➢ 飞行模式是否正确。
➢ 指南针是否存在异常（如果存在异常，就需要校准）。
➢ 摇杆模式是否适合你（有“美国手”“日本手”和“中国手”的区别）。
➢ 图传质量是否良好（如果不好，就暂时不要飞行）。

1.2 认识配件

认识无人机和各种配件，能保证无人机的飞行安全。对于这部分知识，读者可以先有一个大致的了解，然后在实践中掌握相应的功能。本节将为读者介绍无人机及配件的知识。

1.2.1 飞行器

御 3 Pro 飞行器在取出来的时候，外面有一个黑色的保护罩，当取下保护罩之后，就可以展开它的 4 个机臂，再开启电源并起飞无人机。展开机臂之后的飞行器如图 1-5 所示。

图 1-5 展开机臂之后的飞行器

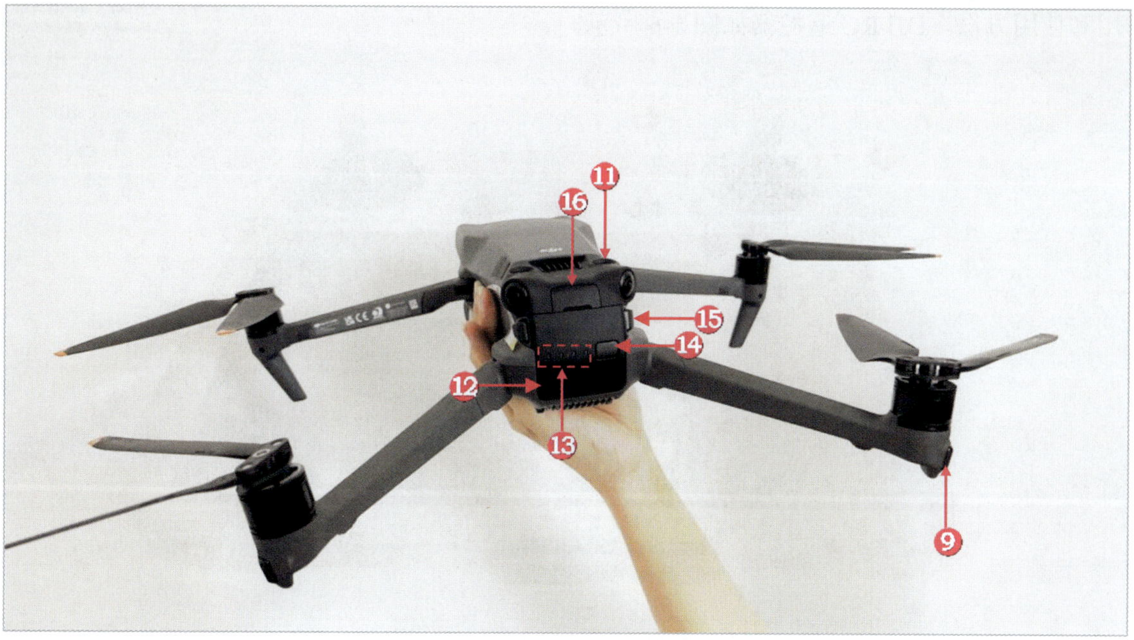

图 1-5　展开机臂之后的飞行器（续）

下面详细介绍飞行器上各部件的名称。

❶ 一体式云台相机：左上是长焦相机，右上是中长焦相机，下方是哈苏相机。
❷ 水平全向视觉系统。
❸ 补光灯。
❹ 下视视觉系统。
❺ 红外传感系统。
❻ 机头指示灯。
❼ 电机。
❽ 螺旋桨。
❾ 飞行器状态指示灯。
❿ 脚架（内含天线）。
⓫ 上视视觉系统。
⓬ 智能飞行电池。
⓭ 电池电量指示灯。
⓮ 电池开关：短按一次，再长按 2 s 即可开机。
⓯ 电池卡扣：按住卡扣可把电池从飞行器中取出来。
⓰ 内含充电/调参接口（USB-C）和 Micro SD 卡槽。

1.2.2　遥控器

大疆御 3 Pro 系列的无人机可使用 DJI RC-N1 遥控器、DJI RC 带屏遥控器和 DJI RC Pro 带屏遥控器。DJI RC-N1 遥控器需要连接手机，剩下的两款遥控器则不需要连接手机。

下面以 DJI RC 遥控器为例，详细介绍上面的各功能按钮，帮助读者掌握遥控器上各功能的作用和使用方法。DJI RC 遥控器如图 1-6 所示。

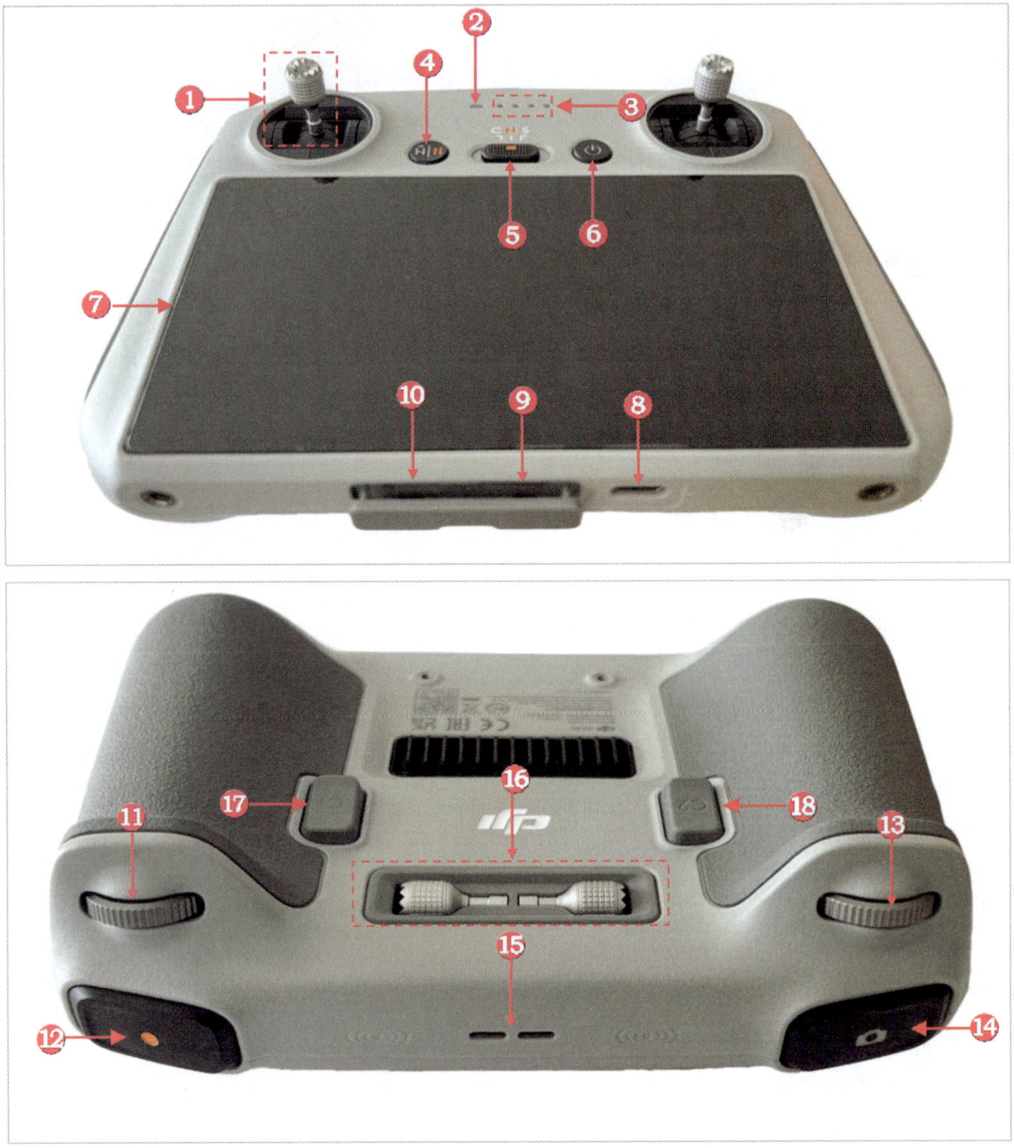

图 1-6　DJI RC 遥控器

下面详细介绍 DJI RC 遥控器上的各种功能。

❶ **摇杆：** 摇杆可拆卸，用于控制飞行器飞行，在 DJI Fly App 中可设置摇杆操控方式。

❷ **状态指示灯：** 显示遥控器的系统状态。

❸ **电量指示灯：** 显示当前遥控器的电池电量。

❹ **急停/智能返航按键：** 短按使飞行器紧急刹车并原地悬停，要在全球卫星导航系统（global navigation satellite system，GNSS）或视觉系统生效时。长按启动智能返航，再短按一次取消智能返航。

❺ **飞行挡位切换开关：** 用于切换飞行挡位，分别为平稳挡、普通挡和运动挡。

❻ **电源按键：** 短按一次，再长按 2 s 开启/关闭遥控器电源。短按可查看遥控器的电量。当

遥控器开启时，短按可切换息屏和亮屏状态。

⑦ **触摸显示屏**：可点击屏幕进行操作，使用时请注意为屏幕防水（下雨天避免雨水打湿屏幕），防止屏幕进水损坏。

⑧ **充电/调参接口**（USB-C）：用于遥控器充电或连接遥控器至电脑。

⑨ **存储卡**（secure digital memory card，Micro SD）**卡槽**：可插入 Micro SD 卡。

⑩ Host **接口**（USB-C）：预留接口。

⑪ **云台俯仰控制拨轮**：拨动调节云台俯仰角度。

⑫ **录像按键**：开始或停止录像。

⑬ **相机控制拨轮**：默认控制相机平滑变焦，可在 DJI Fly 相机的“系统设置→操控→遥控器自定义按键”界面中，设置为其他功能。

⑭ **对焦/拍照按键**：半按可进行自动对焦，全按可拍摄照片，短按可以返回到拍照模式（仅适用于录像模式）。

⑮ **扬声器**：用来输出声音。

⑯ **摇杆收纳槽**：用于放置摇杆。

⑰ **自定义功能按钮** C1：默认为“云台回中/朝下切换”功能，可在 DJI Fly 相机的“系统设置→操控→遥控器自定义按键”界面中，设置为其他功能。

⑱ **自定义功能按钮** C2：默认为补光灯，可在 DJI Fly 相机的“系统设置→操控→遥控器自定义按键”界面中，设置为其他功能。

1.2.3　操控摇杆

遥控器上摇杆的操控方式有 3 种，分别是“美国手”“日本手”和“中国手”。遥控器出厂的时候，默认的操控方式是“美国手”。

“美国手”就是左摇杆控制飞行器的上升、下降、左转和右转，右摇杆控制飞行器的前进、后退、左移和右移，如图 1-7 所示。

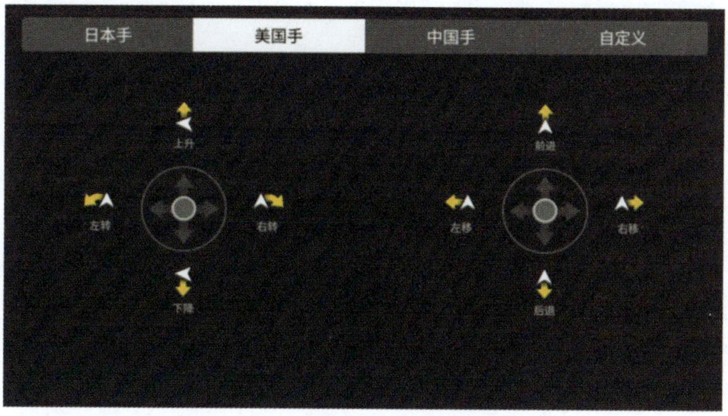

图 1-7　“美国手”的操控方式

“日本手”就是左摇杆控制飞行器的前进、后退、左转和右转，右摇杆控制飞行器的上升、下降、左移和右移，如图 1-8 所示。

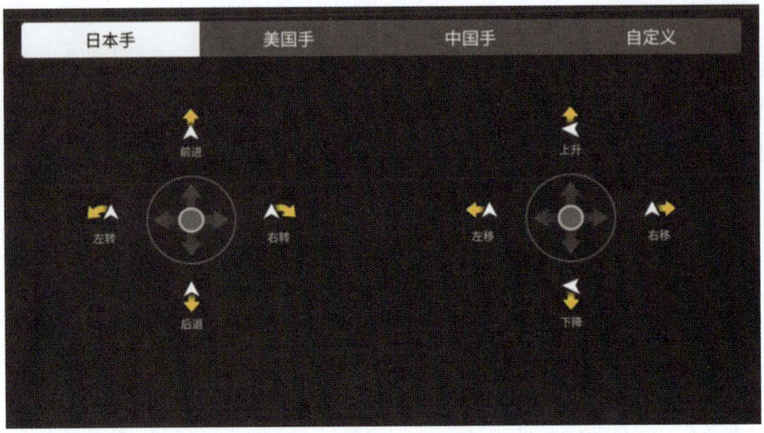

图 1-8　“日本手”的操控方式

“中国手”就是左摇杆控制飞行器的前进、后退、左移和右移，右摇杆控制飞行器的上升、下降、左转和右转，如图 1-9 所示。

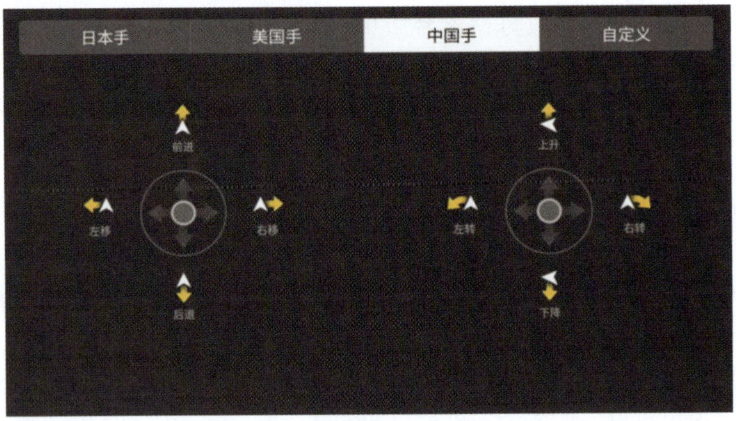

图 1-9　“中国手”的操控方式

在使用遥控器的过程中，大多数的飞手都是设置“美国手”的摇杆操作。如果不是设置为“美国手”，那么在外借他人的时候，一定要提前做好沟通，并更改摇杆的操控方式。例如，假设用户设置的是“日本手”的摇杆操作，那么常规的向上推动左摇杆，就不会使无人机上升，而是使无人机前进飞行，如果前方有障碍物或者路人的话，那么就会很容易造成无人机炸机或者出现伤人事件。

用户不要轻易更改摇杆的操控方式，最好是一种用到底，混用容易出现操作事故。

本书以“美国手”为例，介绍遥控器摇杆的具体操控方式，这是学习无人机飞行的基础和重点，希望用户可以熟练掌握。

下面介绍左摇杆的具体操控方式。

- 左摇杆向上推杆，表示飞行器上升。
- 左摇杆向下推杆，表示飞行器下降。
- 左摇杆向左推杆，表示飞行器向左逆时针旋转。
- 左摇杆向右推杆，表示飞行器向右顺时针旋转。
- 左摇杆位于中间位置时，飞行器的高度、旋转角度均保持不变。

飞行器起飞时，应该将左摇杆轻轻地往上推杆，让飞行器缓慢上升，慢慢离开地面，这样飞行才安全。如果用户猛地一下将左摇杆往上推，那么飞行器会急速上冲，油门过量，可能会引起炸机。

下面介绍右摇杆的具体操控方式。

- 右摇杆向上推杆，表示飞行器向前飞行。
- 右摇杆向下推杆，表示飞行器向后飞行。
- 右摇杆向左推杆，表示飞行器向左飞行。
- 右摇杆向右推杆，表示飞行器向右飞行。
- 在向上、向下、向左、向右推杆的过程中，推杆的幅度越大，飞行的速度越快。

▶ 专家指点

在操控摇杆的过程中，应该养成慢慢推杆的操控习惯，保持飞行器平稳的飞行。可以把摇杆看成汽车上的油门，需要轻轻地踩它，汽车行驶才安全。如果油门太快，前面又有障碍物的话，就会容易发生撞车。

摇杆还有一个特别实用的功能，就是当飞行器发生故障时，左右双摇杆同时向下内掰或者外掰，可以使飞行器迅速在空中停桨，如图 1-10 所示，但是在飞行时需要谨慎使用该操作。

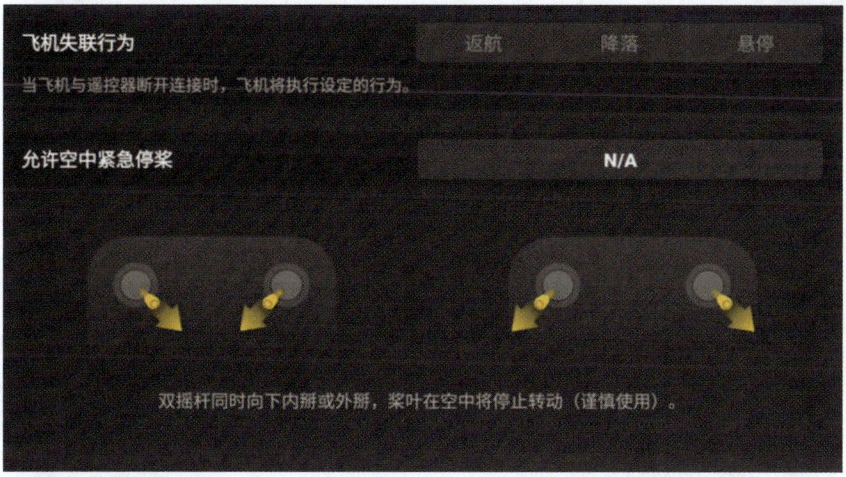

图 1-10　左右双摇杆同时向下内掰或者外掰

1.2.4　螺旋桨

大疆 Mavic 3 Pro 无人机使用降噪快拆螺旋桨，桨帽分为两种类型，一种是带灰色圆圈标记的螺旋桨，另一种是不带灰色圆圈标记的螺旋桨，如图 1-11 所示。

1．安装方法

将带灰色圆圈的螺旋桨安装至带灰色标记的电机桨座上，如图 1-12 所示；不带灰色圆圈的螺旋桨安装至不带灰色标记的电机桨座上，如图 1-13 所示。

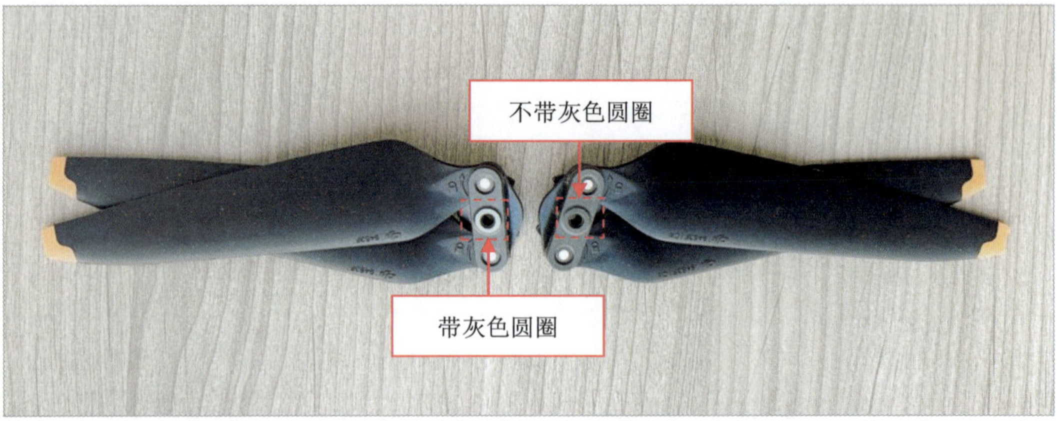

图 1-11　带灰色圆圈标记和不带灰色圆圈标记的螺旋桨

图 1-12　带灰色标记的电机桨座

图 1-13　不带灰色圆圈标记的电机桨座

将桨帽对准电机桨座上的孔，如图 1-14 所示，嵌入电机桨座并按压到底，再沿边缘顺时针旋转螺旋桨到底，松手后螺旋桨将弹起锁紧，如图 1-15 所示，一定要检查螺旋桨有没有锁紧。

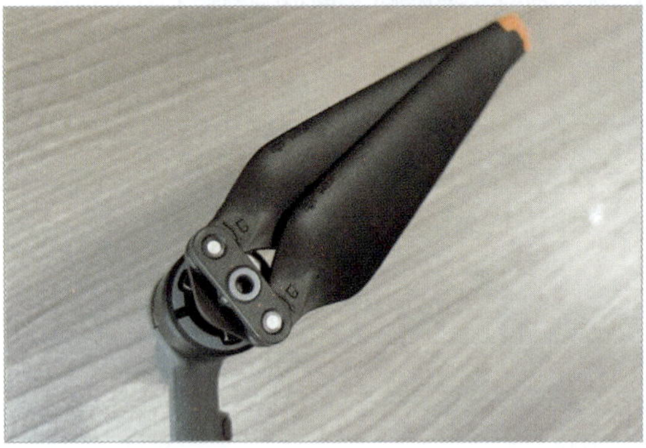

图 1-14　将桨帽对准电机桨座上的孔

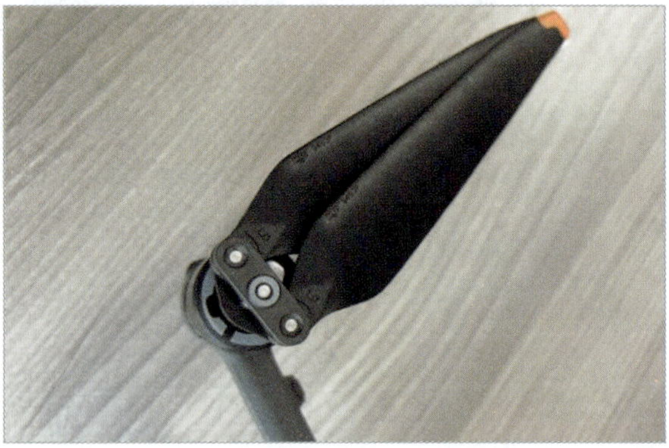

图 1-15　螺旋桨将弹起锁紧

2．拆卸方法

当不需要再飞行无人机时，就可以将无人机收起来。在折叠收起的过程中，需要将螺旋桨也收起来，这样可以防止螺旋桨伤到人或自己受伤。拆卸螺旋桨的方法很简单，只需要用力按压桨帽到底，然后沿螺旋桨所示锁紧方向反向旋转螺旋桨，就可以将其拧出和拆卸下来。

1.2.5　电池

电池是专门为飞行器供电的。DJI Mavic 3 智能飞行电池是一款带有充放电管理功能的电池，电池容量为 5 000 mAh，额定电压为 15.4 V，这款电池采用高能电芯，并使用先进的电池管理系统。在购买无人机的时候，飞行器本身会自带一块电池，如果升级了购买套餐，那么就会多两块电池，用户在使用飞行器时可以交替使用电池。图 1-16 为 DJI Mavic 3 智能飞行电池。

图 1-16　DJI Mavic 3 智能飞行电池

一块电池在飞行时，只能用 30 多分钟左右。那么如何正确使用电池，从而延长电池的寿命呢？这一点非常重要。下面介绍几条使用和保管电池的要点。

第 1 条，无人机在室外飞行的过程中，不能将电池长时间置于太阳下，特别是炎热的夏天。室外的温度比较高，对电池不利，因为电池能承受的最高温度是 40 ℃。

第 2 条，无人机中的电池使用完后，不要急于给电池充电，因为刚使用完的电池还处于发热状态，要等电池完全冷却后，再给电池充电，这样可以延长电池的使用寿命。如果对一块发热的电池反复充电、反复使用再充电，这样电池很快就会报废。

第 3 条，当飞行器中的电池电量低于 20%的时候，无人机会有自动返航提示，这时最好停止飞行，让无人机安全降落。如果电池电量低于 10%，无人机系统将自动进行安全降落，自动按照先前设定的返航点进行安全降落。

第 4 条，电池需要放在阴凉通风的地方保存，如果用户有很长一段时间不需要再使用无人机，此时电池中要留一些余电在里面。不要把电全部放干净，也不能将电池充满电进行保存，这两种方式都是不对的。

第 5 条，在冬天温度较低的时候，电池也会慢慢放电。比如无人机的电池刚充满电，但室外温度较低，充电之后的 3 天都没有使用无人机飞行，等第 4 天准备飞行的时候，却发现电量只有 60%。这是由于天气温度低导致电池自动放电，用户需要重新把电池充满电之后，再飞行无人机。

第 6 条，如果要带着无人机出远门，也不要充满电，同时要给电池装上保护套，以保护电池的安全。如果要上飞机，电池一定要记得放入随身携带的背包中，而不能放入拖运的行李中，航空公司是禁止托运锂电池的。用户在过安检的时候，要把电池单独放入一个篮子中接受检查，便于航空工作人员排除安全风险。

第 7 条，电池的最佳充电温度范围为（25±3）℃，在此温度范围内充电可延长电池的使用寿命。对于不经常使用的无人机，建议用户每隔 3 个月左右重新充电一次，以保持电池活性。在 DJI Fly 相机的“系统设置→操控→电池信息”界面中可以查看电池的电芯状态、电池序列号和电池循环次数等信息，如图 1-17 所示。

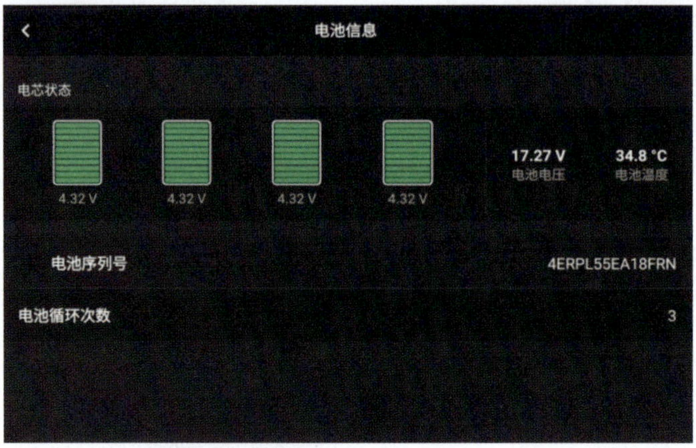

图 1-17　电池信息

在智能飞行电池关闭状态下，短按电池开关一次，可查看当前的电量，如图 1-18 所示，一共有 4 格电，全部灯亮则代表满电，亮几格灯代表剩余多少电量。

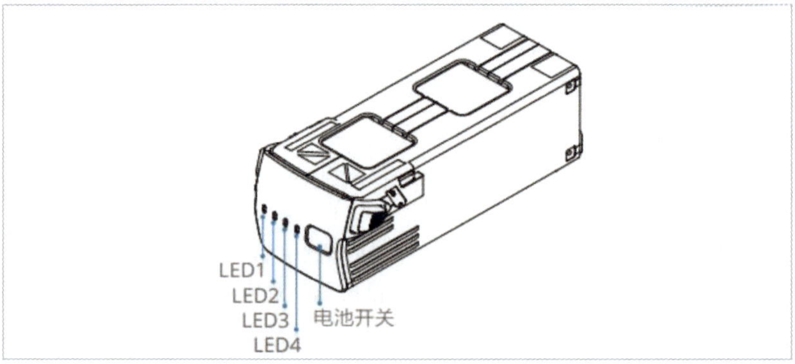

图 1-18　查看电池电量

为智能飞行电池充电的方式主要有两种。

一种是充电方式用 100 W 的桌面充电器或者 65 W 的便携充电器充电，如图 1-19 所示。这种充电方式的优点是方便，不用拔出飞行器中的电池，缺点是充电速度可能会慢一些，也只能为单个电池充电，不能一次性充满几个电池的电量。

另一种充电方式是把 100 W 充电管家与 100 W 的桌面充电器搭配在一起充电，如图 1-20 所示。充电管家会根据电池的电量由高到低依次为电池充电，这种充电方式的优点是一次性就能充满 3 块电池，缺点则是需要繁琐地拔出和安装电池。电池亮绿色指示灯的时候，代表无人机正常充电；充满电则不亮灯；黄灯闪烁代表电池温度不对；红色则代表充电异常。

用充电器充电的时候，需要关闭电池的电源再充电，也尽量不要在电池发热的时候充电。当电量指示灯全部熄灭的时候，表示电池已充满电，需要及时将电池与充电器断开。充满单块电池的时间大约为 1 小时 10 分钟。

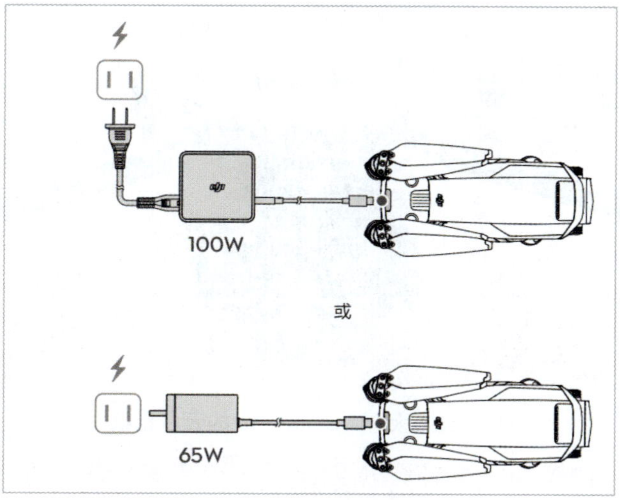

图 1-19　用充电器充电

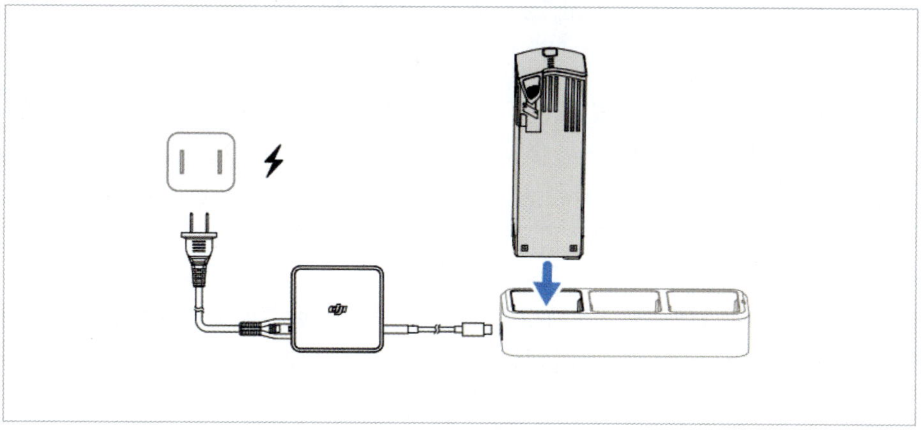

图 1-20　用充电管家充电

在为电池充电的时候，一定要选择通风条件好的地方。如果室内温度低于 5 ℃，就会出现电池充不进电的情况。另外，充电的过程中，要防止儿童拿着电池玩耍，这样会影响电池的寿命，尽可能将电池放在儿童碰不到的地方。

1.2.6　云台相机

近年来，随着无人机的不断更新和进步，无人机中的三轴稳定云台为无人机相机提供了稳定的平台，可以使无人机在天空中高速飞行时，也能拍摄出清晰的照片和视频。

大疆 Mavic 3 Pro 相机云台可控角度范围为俯仰 - 90° 至 35° ，平移 - 5° 至 5° 。

无人机在飞行的过程中，用户有两种方法可以调整云台的角度：一种是通过遥控器上的云台俯仰拨轮，调整云台的拍摄角度；另一种是在 DJI Fly App 的相机界面中，长按图传屏幕直至出现云台角度控制条，通过上下或左右拖曳的方式，调整云台的俯仰、平移角度。

根据拍摄需求，云台可在跟随模式和第一人称主视角（first person view，FPV）模式下工作，以拍摄出用户需要的照片或视频画面。图 1-21 为大疆 Mavic 3 Pro 的云台相机。

图 1-21　大疆 Mavic 3 Pro 的云台相机

▶ 专家指点

云台是非常脆弱的设备，在操控云台过程中，需要注意在开启无人机的电源后，不要再碰撞云台，以免云台受损，导致云台性能下降。另外，在沙漠地区使用无人机时，不能让云台接触沙石，如果云台进沙，就会造成云台活动受阻，同时会影响云台的性能。

大疆 Mavic 3 Pro 云台上有 3 款相机，可在多个焦段间自如切换，适应各种场景的拍摄构图。主相机是哈苏相机，采用 4/3CMOS，有效像素 2 000 万，支持原生 12.8 挡动态范围和 f/2.8 至 f/11 可变光圈，最高可稳定拍摄 5.1 K 的超高清视频，并支持拍摄 10 bit D-Log 视频。

中长焦相机采用 1/1.3 英寸 CMOS，可拍摄 3 倍光学变焦的 4 K 视频及 4 800 万像素的照片，也可捕捉最高 7 倍数字变焦的影像。

长焦相机采用 1/2 英寸 CMOS，可拍摄 7 倍光学变焦的 4 K 视频及 1 200 万像素的照片，混合变焦高达 28 倍。用户可以根据拍摄需要切换焦段，在拍摄时也需要保持相机的清洁。

1.3　起飞与降落细节

对于新手而言，学会安全起飞和降落无人机是非常重要的，因为大部分的炸机事件往往发生在起飞和降落的过程中。本节主要介绍无人机的相关起飞和降落技巧。

1.3.1　起飞注意

无人机在起飞之前，需要选择起飞点。起飞点应选择四周空旷无高楼、地面平坦无杂草、上空无遮挡物、周围无流动人群的地方。

起飞之前还要检查无人机的各部分是否安全，比如螺旋桨的桨叶有没有装好、机身是否有松动或损坏、电池有没有卡紧等情况。无人机完整安全的状态如图 1-22 所示。

飞行器上一共有 4 个螺旋桨，在飞行时如果只有 3 个卡紧，有 1 个是松动的，那么飞行器在飞行的过程中很容易因为机身无法平衡而炸机。所以，用户在安装螺旋桨的时候，一定要安装正确。

图 1-22　无人机完整安全的状态

螺旋桨分正桨和反桨，也称为 A 桨和 B 桨，全黑的螺旋桨就是反桨，带灰色圆圈标记的就是正桨。正桨和反桨在对角线上是相同的，相邻的螺旋桨则是相反的。在安装螺旋桨的时候，一定要正确安装，不要安反，否则会出现无人机飞不起来或者飞起来就炸机的情况。正确安装方法是一压螺旋桨、二转螺旋桨、三提螺旋桨，这样才能确保螺旋桨是卡紧的。

当将无人机放置在水平起飞位置后，应取下保护罩，并展开无人机的四个机臂，然后再按无人机的电源按钮，开启无人机。在飞行之前，还要检查无人机的电量是否充足，亮几格灯表示剩余几格电量，如图 1-23 所示，分别代表无人机只剩 1 格电和 3 格电。

图 1-23　1 格电量与 3 格电量的亮灯显示

1.3.2　降落注意事项

无人机的降落方式可以分为手动降落和智能返航。

手动降落是比较安全和保险的一种方式。只要场地开阔，遥控器和无人机都有足够的电量，用户对周围的环境也熟悉，就能保证其安全降落。

对于智能返航，需要满足几个关键条件：一是返航点在起飞时就已刷新好；二是返航高度设置合理；三是在返航的时候无人机有 GPS 信号；四是无人机飞行状态不是处于视觉定位模式。

在无人机的降落过程中，一定要确认降落点是否安全，地面是否平整。对于凹凸不平的地面或山区，是不适合无人机降落的，如图 1-24 所示。如果用户在这种不平整的地面降落无人机的话，可能会损坏无人机的螺旋桨。

图 1-24　凹凸不平的地面或山区

无人机在降落的时候，用户还需要关注周围的环境，尤其是要随时注意降落点周围是否有玩闹的儿童、是否有电动车路过等意外情况，这样能避免第三方事故的发生。

对于遥控器的朝向，在操控遥控器的过程中，遥控器的天线与飞机的脚架要保持平行，而且天线与飞机之间不能有任何遮挡物，以免影响遥控器与飞行器之间的信号传输。

本章小结

本章主要介绍了无人机的基础入门知识。首先介绍了检验无人机，包括验货、开机、试飞、检查等内容；其次介绍了认识无人机的相关配件，包括飞行器、遥控器、操控摇杆、螺旋桨、电池以及云台相机等；最后介绍了无人机的起飞与降落细节，包括起飞注意事项、降落注意事项等。通过本章的学习，读者可以熟练掌握无人机的基础知识，为后面的学习奠定良好的基础。

课后习题

鉴于本章知识的重要性，为了让读者更好地掌握所学知识，将通过课后习题进行简单的知识回顾和补充。

1．请讲解正确开启无人机的操作顺序。

2．请讲解正确安装无人机螺旋桨的操作方法。

第 2 章
航拍风险处理

2

飞行在一定程度上存在着风险，虽然大疆 Mavic 3 Pro 无人机有全向避障，但是操作不当的话，还是可能会炸机。所以，预防炸机、降低飞行风险，是每个飞手都要掌握的技能，甚至和学会飞行技能一样重要。本章将主要讲述无人机的飞行注意事项，以预防航拍风险。

本章重点

- 了解环境风险
- 了解高危区域
- 掌握飞行风险
- 掌握信号风险

思政目标

- 认识无人机航拍中存在的多样化风险，并强调技术操作者应具备全面的风险意识和规避能力，培养责任感和专业精神
- 强调实践经验对于成功规避航拍风险的重要性，倡导对技术应用中的安全与合法问题保持高度警惕

2.1 环境风险

如果无人机的飞行环境不理想，信号干扰强烈的话，无人机很容易炸机。在飞行前，需要熟知与无人机飞行环境有关的炸机风险，提前规避，降低损失。

2.1.1 CBD 高楼

【案例 1】小量刚买无人机不久，想着在城里飞一下，练练技术。城里的高楼大厦很漂亮，玻璃幕墙特别显高档。他就把无人机飞到了这些中央商务区（central business district，CBD）高楼之间穿梭，拍摄出来的视频很漂亮，可是突然之间无人机就撞玻璃了，直接炸机摔下来。

【处理方法】无人机在 CBD 高楼间飞行，玻璃幕墙很容易影响无人机的接收信号。无人机在室外飞行的时候，是依靠 GPS 定位，一旦信号不稳定，无人机在空中就会失控。特别是当无人机穿梭在楼宇间，飞手有时候看不到无人机，只能通过图传屏幕看到无人机前方的情况，上下左右都无法看到，这个时候如果无人机的左侧有玻璃幕墙，而飞手在不知道的情况下直接将无人机向左横移，那么无人机就会直接撞上玻璃幕墙，导致炸机。

新手在飞行无人机的时候，一定要保证无人机在可视范围内飞行，因为很多情况和环境因素都无法预测，再加上自己的经验不足，就很容易炸机。在 DJI Fly App 的“安全”设置界面中，选择“刹停”的避障行为，并开启“显示雷达图”功能，如图 2-1 所示，当无人机在飞行中，如果检测到了障碍物，将会显示雷达图，并自动悬停。

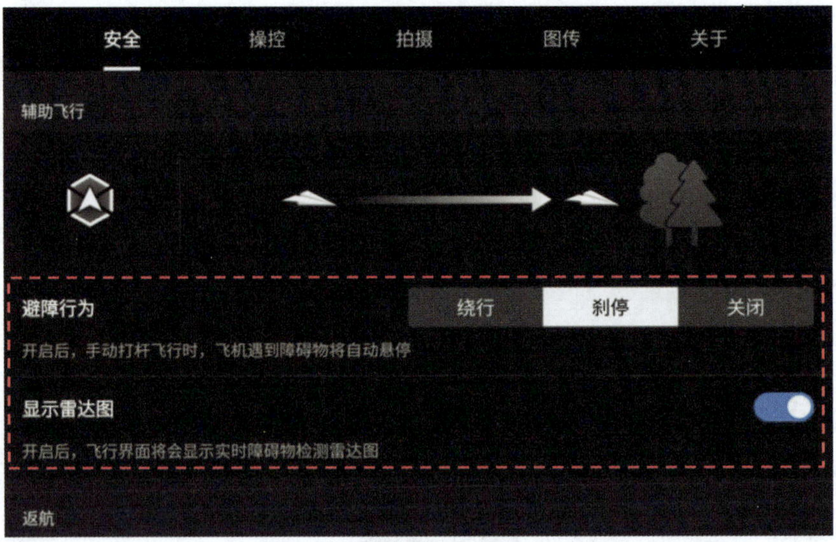

图 2-1 选择“刹停”的避障行为，并开启“显示雷达图”功能

2.1.2 湖面河面

【案例 2】有一个飞手在水面上飞行无人机的时候，无人机忽然就飞到水里面去了，无人机的“尸体”都捞不上来，直接损失了一架大疆 Mavic 3。

还有一个飞手看到其他人用无人机进行贴地飞行，觉得很酷，于是也让无人机进行贴地飞行，可是无人机飞行的速度太快，来不及刹车，一个高度差就导致无人机撞在阶梯上炸机。

【处理方法】当使用无人机贴着水面飞行的时候，无人机的气压计会受到干扰，无法精确定位无人机的高度，并且水面也会反射无人机的信号，干扰飞行。当无人机在水面飞行的时候，经常会出现掉高现象，无人机越飞越低，如果不控制无人机飞到足够的高度，一不小心无人机就会飞到水里面去了。所以，一定要让无人机在可视范围内飞行，这样可以规避飞行风险。

不建议让无人机贴近水面或者地面进行拍摄，这样会给无人机的飞行带来安全隐患。无人机贴着地面飞行，还可能撞到行人。如果无人机一定要在水面上飞行，建议飞得高一点；如果无人机要贴地飞行，建议在平坦、开阔、人少的地方飞行，速度也不要太快，方便及时刹车。

2.1.3　夜间环境

【案例 3】有一个朋友去爬武功山，想拍摄第二天的日出，夜间爬到山顶之后，就拿起了无人机起飞，飞了一会儿之后，发现无人机飞不回来了，也不知道去哪儿了，最后导致无人机电量用完，被迫下降，第二天找了很久才找到丢失的无人机。

【处理方法】夜间飞行无人机，由于视线受阻，会导致无人机的避障功能失效，只能通过图传屏幕来判断四周的环境，这个时候可以打开“前机臂灯”功能，如图 2-2 所示，使无人机的前臂灯能在黑暗的天空中闪烁，这样可以方便用户在夜间找到无人机，并远距离知道无人机是否朝向用户。

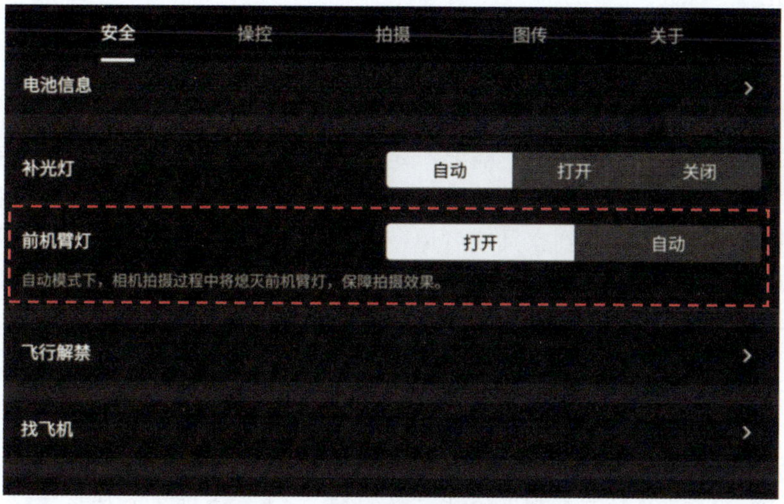

图 2-2　打开“前机臂灯”功能

2.1.4　风筝区域

【案例 4】在公园草坪里，一个飞友为了拍孩子游戏的画面，把无人机飞在有风筝的环境中，由于当时风筝比较多，无人机的桨叶被风筝的线缴住了，电机立刻就不能工作，不过还好掉下来的时候没有砸到人。

【处理方法】不能在放风筝的区域飞行无人机，如图 2-3 所示。风筝是无人机的天敌，因为风筝都有一条长长的白线，而无人机在天上飞的时候，通过图传屏幕根本看不清这条线。如果无人机在飞行中碰到了这条线，那么电机和螺旋桨就会被这条线缠住，让无人机的双桨无法平衡，不能稳定飞行，严重一点的话，电机会被直接锁死而直接炸机。

图 2-3　有风筝的区域

> ▶ 专家指点
>
> 在南北极圈内，飞行器无法使用 GNSS 飞行，只能使用视觉定位模式飞行，飞行有一定的风险。最好不要在移动的物体表面上起飞无人机（如行进中的汽车和船只）。

2.1.5　室内空间

【案例 5】有个飞手在室内飞行无人机，无人机突然就失控起来，上下飘浮不稳定，很快就直接撞墙炸机了，不过还好没有撞到人。

【处理方法】在室内飞行无人机，需要一定的技术水平，因为室内基本没有 GPS 信号，无人机是依靠光线进行定位，处于“视觉定位”飞行状态模式，在飞行中会有不稳定感，稍有不慎就有可能出现无人机漂浮而撞到家具或者墙壁的情况。在降落的时候，无人机也会认为电器、家具等物件是障碍物，在开启避障模式的情况下，是很难使其正常降落的。所以，不建议用户在室内飞行。

2.1.6　高海拔区域

【案例 6】有一个飞手在高山上飞行，想航拍清晨山区中的云雾缭绕画面，也想围着某座单独的山峰飞拍一圈，结果无人机飞到山峰背面的时候，GPS 突然没有信号了，图传画面也没有显示，最后无人机由于失控导致炸机。

【处理方法】在山区飞行的时候，一般情况下 GPS 信号比较稳定，如果是贴着陡崖或者峡谷飞行，那么就会影响 GPS 信号的稳定性；起飞的时候如果上方有很多树木遮挡物，也会遮挡 GNSS 信号。在山区飞行的时候，一定要时刻观察周围的环境，不要因为遮挡物过多而影响无人机飞行的稳定性。

山区的天气也不太稳定，在海拔比较高的山区中还经常下雨、下冰雹，而且气流也比较大，上升下降时都会使无人机摇摇晃晃，对于这种恶劣的环境和天气，一定要提前收起无人机。另外，不能在海拔在 6 000 m 以上地区起飞，因为在高海拔地区飞行，多种环境因素会导致飞行器电池及动力系统性能下降，飞行性能会受到影响。

2.1.7　雷电环境

【案例 7】小量和同事约好一起去海边拍风光片，当天的天气不太好，风比较大，无人机在空中没飞多久，就开始有大风了，眼看着风力越来越大，还有雷声，小量就赶紧将无人机下降收起来了，让同事也一起收了，可是他还要飞，说海边的云彩好看，后来风力越来越大，无人机被风越吹越远，怎么操作也飞不回来了，双桨也失去了平衡，摇晃得厉害，最终炸机。

【处理方法】如果室外的风速达五级以上，那就是大风，陆地上的小草和树木会摇摆，这个时候如果飞无人机，就很容易被风吹走，在大风中飞行也十分困难，这样的恶劣天气不适合无人机飞行。

当无人机不受遥控器的控制时，就会乱飞，容易炸机。还有大雨、大雪、雷电、有雾的天气，也不能飞。大雨、大雪容易把无人机淋湿；雷电天气容易炸机；有雾的天气会阻碍视线，而且拍摄出来的画面也不清晰。

在大风中飞行时，如果风速过大，屏幕中会有强风警告信息，提示用户需要安全飞行。如果一定要在大风中飞行，拍摄一些特殊的画面，那么建议在 DJI Fly App 相机界面中点击左下角地图框中右下角的按钮，打开姿态球，如图 2-4 所示。大风的时候要密切监视无人机的姿态，姿态球倾斜达到极限时，一定要尽量返航或悬停，避免炸机。

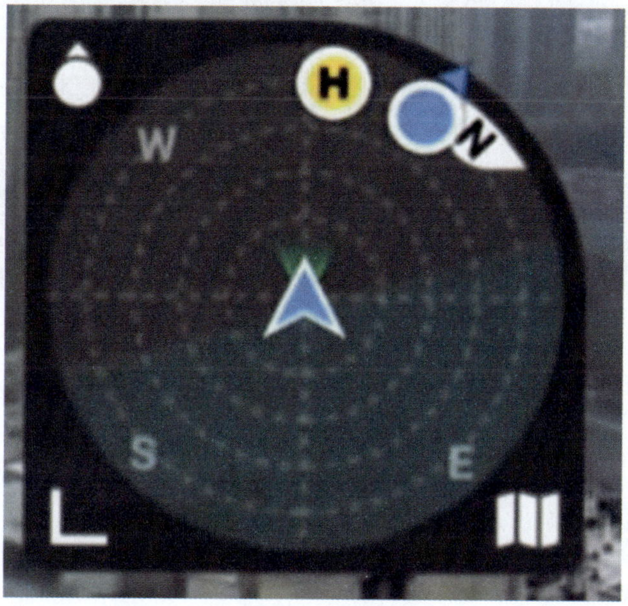

图 2-4　打开姿态球

2.2　高危区域

本节主要介绍无人机飞行的一些高危区域，如人群密集地、禁飞区域、高压线附近以及易燃易爆区域等，尽量避开这些高危区域飞行无人机。

2.2.1 人群密集地

【案例 1】在短视频平台看到一段某个旅游景点的视频，有一个飞手在景点起飞无人机，当时四周有很多的游客在玩耍，飞手没有很好地控制无人机的飞行方向，导致无人机失控，撞到了游客，伤到了游客的腿，最后赶紧把游客送医院治疗。

【处理方法】如果是航拍新手，就尽量不要在有人的地方飞行，以免造成第三者损失。当飞手过于紧张的时候，双手控制摇杆方向的时候就容易出错。如果是新手，在练习飞行技术的时候，一定要找一大片空旷的地方练习，等飞行技术达到一定的水平，再挑战复杂一点的航拍环境。

大疆 Mavic 3 Pro 无人机有变焦功能，用户可以用 7 倍焦段远距离航拍人群，如图 2-5 所示，这样就能避免无人机飞到人群密集的地方。

图 2-5 用 7 倍焦段远距离航拍人群

2.2.2 禁飞区域

【案例 2】近几年来，出现了一系列的无人机“黑飞”事件，特别是机场，属于“重灾区”，无人机干扰航班正常起降的新闻屡见不鲜。2017 年 4 月 26 日，成都双流机场发生“无人机扰航”事件，共造成 22 架航班备降；2017 年 5 月 1 日，昆明市长水国际机场北端受到无人机扰航影响，导致至少 8 个航班备降。

军、警、党、政机关等上空周围也属于禁飞区域。2020 年 4 月 9 日，有 3 人在长沙的军用机场净空保护区“黑飞”拍宣传片，各被罚款 200 元。

【处理方法】无人机的“黑飞”事件对公共安全产生了直接的威胁，随之国家也出台了一系列针对无人机等“低慢小”航空器的专项整治，对于违法飞行无人机的人进行严抓严打，情节严重者还可能构成犯罪，需依法追究刑事责任。

在 DJI Fly App 的主页中点击“飞行区丨附近航拍点”按钮，并进入到“地图”界面中，可以查看禁飞区域，机场禁飞区呈红色糖果的形状展示，军、警、党、政等禁飞区呈红色圆形的形状展示。

不过有些禁飞区域不一定会在地图上展示红色区域，比如机密的军事基地，就不会详细地在地图上标注区域，如果你在此上方飞行，不仅信号会受到雷达的干扰，导致炸机，还有可能会被“打”下来，没收飞行器或者存储卡。

如果要在禁飞区域飞行，最好提前进行报备，通过报备之后才不会是“黑飞”。

2.2.3　高压线附近

【案例 3】前几个月，为了能够就近飞行航拍跨江大桥，小量把无人机放在大桥避雷针下方的平底上起飞，可是飞行状态栏一直提示指南针异常，按照提示校准指南针之后，图传画面还是不稳定，最后只能放弃飞行，寻找新的场地起飞无人机。

【处理方法】无人机起飞的四周有铁栏杆、信号塔或者高大建筑物的话，会对无人机的信号和指南针造成干扰。有高压线的环境，也不适合飞行，如图 2-6 所示。

图 2-6　有高压线的环境

高压线对无人机产生的电磁干扰非常严重，而且离高压线的距离越近，信号干扰就越大，所以在拍摄的时候，尽量不要到有高压线的地方去飞行。如果在异常的情况下起飞，对无人机的安全有很大的影响。

在农村地区，高压线非常密集，遥控器的图传屏幕有时会看不到这些细小的高压线，无人机就很容易撞上去。所以，这些地方都非常危险。

2.2.4　易燃易爆区域

【案例 4】在一次户外飞行中，当时有篝火，氛围非常好，一个朋友突发奇想，想用无人机拍摄穿越篝火的画面，可是无人机在篝火上方的时候，突然电池爆炸了。

【处理方法】无人机的电池是非常容易发热的，在春天十几度的天气里，无人机飞久了机身都会发热，何况在温度非常高的火边。在易爆物周围，稍微有一点火花，或者高温物体，都可能会引起爆炸。这一点，也适用于很多易发热的物品。

在炎热的夏天，最好不要让无人机在太阳下飞行，避免高温引起电池爆炸，充电的时候也一样，让电池在 5 ℃以上和 40 ℃以下的环境中工作。

2.3 飞行风险

无人机在飞行过程中需要非常注意，不管是起飞、升空、飞行，还是降落，都不能松懈，要防止炸机的情况出现。本节将介绍如何避免飞行过程中的炸机。

2.3.1 起飞风险

很多新手在起飞的时候就炸机了，这是因为他们不熟悉起飞的注意事项，接下来一起学习起飞时有哪些炸机风险，进行规避。

1．无人机的摆放方向不对

【案例 1】有一个飞手，在河边栈道上起飞无人机。无人机刚飞起来，就直接前飞，飞进了水里。后来才知道，这个飞手是一个新手，无人机的相机镜头是朝他的方向摆的，也就是飞手与无人机是面对面的，但无人机的后面是一片河流。飞手起飞无人机后，按照正常的视觉，无人机的前面是飞手本人，但飞手以为无人机的前面是一片河流，所以本能的想往后面飞，然后快速推下了后退的摇杆。由于速度太快，无人机后退时一下失去了平衡，直接飞进了水里，导致被淹。

【处理方法】在起飞和摆放无人机时，一定要注意，无人机的相机朝向要与人所面对的方向相同，这样打杆的方向才是一致的，向上推右摇杆，无人机往前飞；如果无人机的镜头与人的朝向相反，并放置在人的前方，那么向上推右摇杆的时候，无人机将会朝着人站着的方向飞，会直接撞到人身上。

2．无人机起飞时总提示指南针异常

【案例 2】我有一位朋友出去飞无人机，他在起飞的时候，无人机总提示指南针异常，需要校正，当校正过后 1 分钟不到，又提示指南针异常，这种情况下他给我发了微信，问我怎么办？

【处理方法】我当时让他拍下了无人机周围的环境，发现无人机的周围有很多铁栏杆，这会对无人机的信号和指南针造成干扰，如果在异常的情况下起飞，对无人机的安全有很大的影响。这个时候，我建议这位朋友换了一个比较空旷、干净的地方起飞无人机，这时，指南针异常的提示就没有了。所以，四周有铁栏杆和信号塔的地方，不适合起飞。

3．起飞的位置不平整

【案例 3】有一个飞手，将无人机放在倾斜的石头上起飞，才开启电机，启动螺旋桨，还没飞起来，无人机就因为失衡的原因倾斜倒下去了，致使螺旋桨变形、断裂。

【处理方法】无人机起飞的位置一定要平整，不能放在倾斜的平面上起飞，起飞的位置更不能有沙子或小草，这样会对无人机的桨叶造成损伤，影响无人机飞行的稳定性。当在户外飞行时，尽量找到一块干净、平坦的地方起飞无人机，如果实在找不到，可以自带起飞垫子，将无人机放在垫子上面起飞，如图 2-7 所示。

图 2-7　将无人机放在垫子上面起飞

4．螺旋桨直接射出去了

【案例 4】小张把无人机飞行上升不到 5 m 的时候，无人机的螺旋桨就直接射出去了，此时无人机在空中失去了平衡，直接掉下来炸机了。

【处理方法】在起飞前一定要检查螺旋桨的桨叶是否卡紧。有时候无人机借出去给别人用，拿回来的时候一定要检查。安装螺旋桨时，一定要按下、旋转之后再提一下，检查有没有卡紧。在飞行之前检查好这些，可以降低炸机概率。

5．无人机起飞时提示电池电量不足

【案例 5】李丽刚启动无人机不久，相机界面上就提示无人机的电量严重不足，如图 2-8 所示，李丽觉得奇怪，自己好像前两天才充满的电，这怎么就没电了？

图 2-8　相机界面上提示无人机电量严重不足

【处理方法】在起飞前 1 天，一定要检查电池的电量，避免起飞时发现电量不足，又跑回家充电，在时间规划上不合理。无人机的一块电池，只能飞行 30 多分钟，所以电池的电量特别珍贵。

当在寒冷的天气或者在高原上飞行时，电池的放电速度会更快，因为电池的输出功率比较大，这个时候，无人机并不能飞行 30 多分钟。当界面中提示电量不足的时候，一定要让无人机返航。在户外飞行的时候，建议用户多备两块电池。

2.3.2 升空风险

当无人机安全起飞后，在升空的过程中，也会遇到相关的炸机风险。比如有在上升过程中晃动得很厉害、在上升过程中直接侧翻等现象。

1. 无人机在上升时晃动得很厉害

【案例 6】刘林起飞了无人机，但是无人机在上升的过程中，机身晃动得很厉害，极不稳定，最后刘林怕炸机，手动降落了无人机。

【处理方法】无人机在起飞的过程中，电机的运转速度很快，螺旋桨的桨叶会快速转动，声音也会很大，在离地的时候也会吹起地面的灰尘与沙石，如果新手太过紧张的话，没有把握好推杆的力度，也会导致无人机机身不稳，出现晃动的现象。这个时候，只要飞手匀速推油门，适当修正无人机的飞行姿态，就能使无人机慢慢平衡。

2. 无人机上升时碰到树枝

【案例 7】有一个朋友，想航拍自己所在的小区，就在小区起飞了无人机，在上升的过程中，只听了“砰”的一声响，无人机直接掉下来炸机了。后来，这个朋友环顾了一下无人机在上升过程中的环境，只有几颗光秃秃的大树，没有别的障碍物了，估计无人机是碰到了高处的树枝，才炸机了。

【处理方法】起飞点上空有障碍物的地方，不适合飞行，而居民楼的小区里，会有很多的大树，所以飞行环境并不理想。

如果是在春、夏季，大树都是郁郁葱葱，有叶子的，无人机可以进行避障；但如果是在秋、冬季，树叶都落光了，只剩光秃秃的树枝，那么可能人眼看不到、无人机的避障也检测不到。所以，无人机在升空的时候，上方不能有障碍物，用户也需要提前检查好起飞环境。

3. 无人机起飞后迅速向一侧飞去

【案例 8】有个飞手起飞无人机后，无人机突然迅速向一侧飞去。这种情况看上去像是无人机失控了，因此导致了炸机。

【处理方法】出现这种情况，可能有两个原因，第一是机身本身出现了问题，引起的侧飞炸机；第二种是起飞前，把摇杆装在遥控器上面的时候，摇杆的位置可能没有调整好，使摇杆发生了偏移现象，让无人机出现了侧飞的情况。

电子类的产品在使用一段时间后，操作上会有些误差，建议一个月校准一次遥控器，校准之后可以使遥控器打杆更加精准。校准方法很简单，关闭飞行器的电源，在遥控器中打开 DJI Fly App，在“操控”设置界面中，选择“遥控器校准”选项，进入“遥控器校准”界面，如图 2-9 所示，即可开始校准遥控器。

图 2-9　进入“遥控器校准”界面

2.3.3　飞行风险

无人机在飞行的过程中，也会遇到很多炸机风险，及时了解这些炸机的因素，可以帮助规避炸机的风险。

1．无人机飞远了，不知道如何飞回来

【案例 9】陈力刚买了一台御 3 的无人机，就想出去试飞，飞了好一会儿，也拍了很多的照片，此时屏幕上提示电量不足，建议返航。这个时候，陈力懵了，不知道如何把无人机飞回来了，最后因为紧张，打杆操作失误，直接炸机了。

【处理方法】新手刚飞无人机的时候，尽量带一个朋友一起出行。朋友会是一个很好的“观察员”，他能帮你观察无人机在天空中的位置和周围的飞行环境是否安全，这个“观察员”还能在很大程度上消除心里的紧张和担心。再者，新手飞无人机的时候，一定要让无人机在可视范围内飞行，这样才能保证无人机的飞行安全。

当将无人机飞远了，不知道如何飞回来了，该怎么办呢？一是通过观察遥控器上相机界面上的画面和地图上无人机的朝向，然后进行正确打杆，让无人机飞回来；二是打开无人机的前机臂灯和补光灯，通过灯的颜色判断无人机的方向，从而将无人机飞回来。

2．无人机飞行遇海鸥突袭

【案例 10】有一个朋友在海边飞行无人机的时候，突然有一群海鸥飞过来了，围着无人机打转，这个朋友赶紧将无人机降落下来了，好在有惊无险。

【处理方法】当在海边飞行无人机的时候，经常会遇到一些低空飞行的鸟类，这个时候千万不要慌张，这些鸟类不敢接近无人机的螺旋桨，需要马上冷静，慢慢地将无人机往高空飞，这样鸟类就不会再追随了。

3．无人机的剩余电量飞不回起飞点了

【案例 11】张洋在飞行无人机的时候，因为自己没有控制好无人机的飞行时间，导致没有

足够的电量飞回起点了。

【处理方法】很多新手在刚开始飞无人机的时候，都会有一个错觉，就是明明感觉没飞多久，怎么就没电了，这是因为自己没有规划好飞行时间和电量。

如果剩余的电量飞不回起飞了，这个时候该怎么办？建议将无人机的相机垂直 90° 向下，抓紧时间寻找降落地点，优先寻找绿地等炸机损失小的地方，然后降落无人机。如果还能看到无人机的降落地点并停机，需要抓紧时间赶过去，避免有人捡走，这个时候也不要关闭图传画面，它可以帮助你更快地找到无人机。

在飞行无人机的时候，当飞行的距离太远了，遥控器的屏幕中会弹出提示信息；当电量不足的时候，遥控器的屏幕中会弹出“飞机电量低，请及时返航或降落”的提示，警告用户赶紧返航和降落，如图 2-10 所示。

图 2-10　弹出“飞机电量低，请及时返航或降落”的提示

如果用户无视这些提示继续飞行的话，可能有炸机风险。不过当无人机只剩 10%的电量的时候，无人机会强制降落。留有一些电量用来返航和降落，才是最保险的。

4．无人机在飞行时无故掉高

【案例 12】张威在飞行无人机的时候，无人机无故“掉高”，怎么推油门都没有用，这个时候他感觉好危险，怎么办？

【处理方法】“掉高”的意思是指无人机不受控制降低高度。当在一些地形比较复杂的环境下飞行无人机的时候，可能会出现这种掉高的情况，比如在楼宇间、山谷间等，这个时候要时刻关注无人机的飞行姿态，通过推杆，调整好飞行的高度和速度，让无人机平稳飞行。如果空中的气流不太平稳，此时应该尽量将无人机飞行至气流平稳的区域，降低炸机风险。

5．经常使用运动挡飞行无人机

在运动挡模式下，无人机的避障功能会失效，刹车距离也会加长，如果在复杂环境下飞行无人机，那么稍微操作不慎，就很容易炸机。建议用户在平稳挡或者普通挡模式下飞行无人机，如图 2-11 所示。

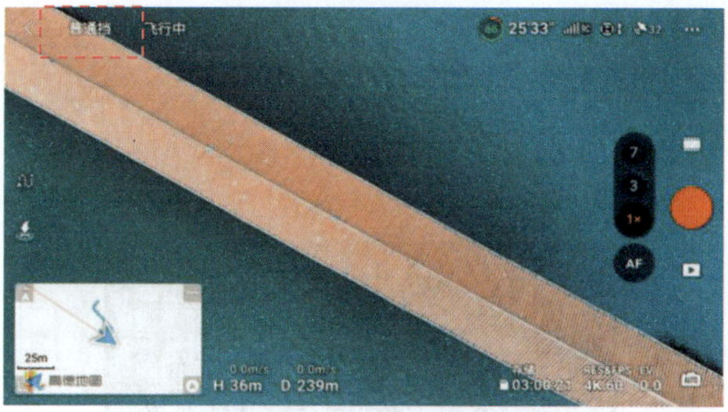

图 2-11　普通挡模式

2.3.4　降落风险

无人机在降落的过程中，又会有哪些炸机风险呢？比如降落的位置一定要平整和安全，下降的过程中不能有障碍物（如树枝、建筑物等）。在飞行无人机的过程中，每一个细节都要留意，否则一不小心就会有炸机的风险。

1. 降落位置的地面凹凸不平

【案例 13】有一个朋友在山区飞行无人机的时候，由于当时风速过大，没法继续飞行，就直接在无人机的下方找了一个地方降落，当时降落位置的地面凹凸不平，直接导致了无人机侧翻，螺旋桨受到了不同程度的损伤。

【处理方法】当在降落无人机的时候，一定要选择平整、空旷的地方降落，如果实在没办法，也要选择一片草地下降，这样也能减少无人机的损伤。

与起飞一样，也可以带垫子，让无人机降落在垫子上。如果实在不行的话，可以学会手持降落的方式，这样就不用找降落点了，不过需要小心，防止桨叶割伤手。

2. 无人机降落时撞到了自行车

【案例 14】在城区上空飞行的时候，有一个飞手在广场下降无人机的时候没有及时注意下方的情况，只顾着下降，由于推杆的油门过大，无人机撞到了广场中行驶的自行车，无人机受损非常严重，不过好在没有人员受伤。

【处理方法】当在降落无人机的时候，不能只盯着遥控器上的屏幕，还需要观察四周，有些风险是突然的、未知的，需要多留一个心眼，不能有侥幸心理。

3. 在降落时错认了无人机

【案例 15】当与飞友们约定一起飞行无人机的时候，会发现大家大都是使用相同品牌或者型号的无人机，这就会很容易认错。当手动降落无人机的时候，看到没有反应的无人机，然后误以为是自己的无人机失灵，因此胡乱操作，就会导致自己的无人机失控炸机。

【处理方法】当飞友与自己有着相同型号的无人机时，可以在无人机的机臂上贴上贴纸以作识别，夜间发光效果的贴纸还能让用户在晚上精准识别无人机，如图 2-12 所示。假如在降落或者飞行期间真的认不出自己的无人机了，首先要保持冷静，分析图传画面，再判断无人机的飞行方向和位置；或者开启智能返航功能，让无人机飞到起飞点的上空。

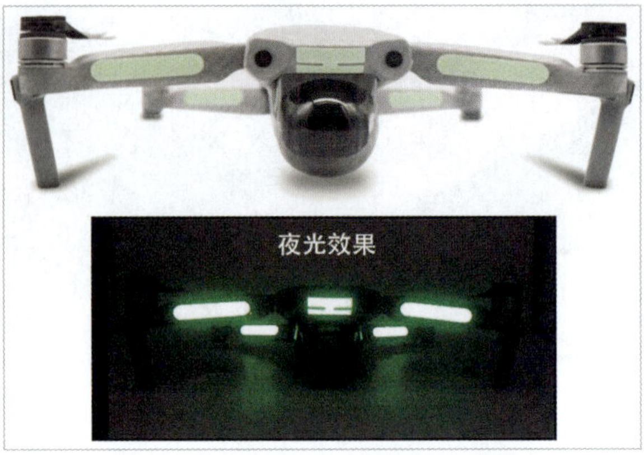

图 2-12　夜间发光效果的机臂贴纸

2.4　信 号 风 险

信号的不稳定性是飞行中炸机风险最高的因素，由于飞行环境中的种种因素，无人机的信号会受到一定的干扰。当无人机的 GPS 信号丢失或遥控器信号中断了，该怎么办？

2.4.1　丢失信号

下面介绍两种比较常见丢失信号的情况：一种是丢失 GPS 信号，另一种是丢失遥控器信号。

1．丢失 GPS 信号

【案例 1】有一个飞友在飞行无人机的时候，GPS 信号突然丢失了，这该怎么办？

【处理方法】当遥控器画面中提示 GPS 信号弱或者无 GPS 信号时，如图 2-13 所示，肯定就是当时的飞行环境对信号有干扰。当无人机的 GPS 信号丢失后，无人机会自动进入视觉定位模式，这个时候一定要保持镇定，轻微调整摇杆，以保持无人机的稳定飞行，然后尽快将无人机飞出受干扰的区域，当无人机离开干扰区域后，就会自动恢复 GPS 信号。

没有 GPS 信号对无人机是非常危险的，如果是在晚上，无人机避障功能也失效的情况下，那么无人机炸机风险将增加。

图 2-13　无 GPS 信号

2. 丢失遥控器信号

【案例 2】有一个飞友在飞行无人机的时候，遥控器信号突然丢失了，这该怎么办？

【处理方法】遥控器信号的中断，有可能是因为操作不对或设备故障引起的，也有可能是环境所导致的，这个时候不要推动摇杆，调整好天线，使天线能完整地接收信号。如果遥控器与飞行器已中断，此时无人机会自动返航，用户只需要在原地等待无人机飞回来即可。如果是大疆机器本身的原因，导致了炸机的情况，大疆会免赔的。

正确和错误调整遥控器天线的姿势如图 2-14 所示。当遥控器顶部正对飞行器时，遥控器与飞行器之间的信号质量是最佳的。

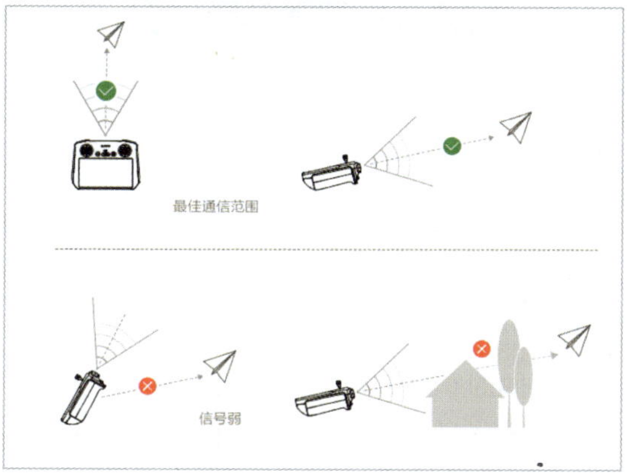

图 2-14　正确和错误调整遥控器天线的姿势

2.4.2　指南针风险

【案例 3】有一个飞友在飞行无人机的时候，屏幕总提示指南针受干扰，怎么办？

指南针风险

【处理方法】出现这种情况，应该与当时的飞行环境有直接关系。需要观察无人机的周围是否有铁栏杆、信号塔、高楼大厦之类的建筑，如果有的话，赶紧将无人机飞出该干扰区域，以免因为信号丢失而炸机。

有时候遥控器的指南针状态也会异常，需要按步骤校准指南针。下面介绍校准方法。

Step 01 在“指南针校准”界面中，点击“开始校准”按钮，如图 2-15 所示。

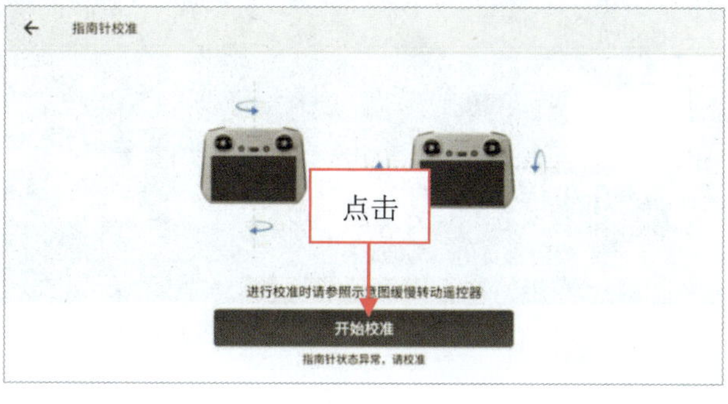

图 2-15　点击“开始校准”按钮

Step 02 根据示意图，左右转动和上下转动遥控器，稍等片刻即可校准成功，然后点击“完成”按钮，如图 2-16 所示。

图 2-16　点击“完成”按钮

2.4.3　无人机失控

【案例 4】一位飞友在操控无人机的过程中，无人机突然失控了，在没有打杆的情况下，无人机急速旋转下降，最后坠毁炸机了。

【处理方法】出现这种现象的时候，建议用户往相反的方向打杆，如果打杆无效，就不要再操作了，因为如果真的是机器本身的原因而造成的炸机，商家会负责的。但如果在炸机的最后还有打杆的记录，那炸机原因就不太清楚了。

2.4.4　找回无人机

找回无人机

【案例 5】一位飞友在飞行无人机的过程中，无人机突然没有 GPS 信号了，遥控器的连接也断开了，无人机也没有自己飞回来，这个时候该怎么找回飞丢的无人机？

【处理方法】如果用户不知道无人机失联前在天空中的哪个位置，此时可以用手机打大疆官方的客服电话，通过客服的帮助寻回无人机。除了寻求客服的帮忙，还可以在 DJI Fly App 的“安全”设置界面中，选择“找飞机”选项，如图 2-17 所示，进入“找飞机”界面。

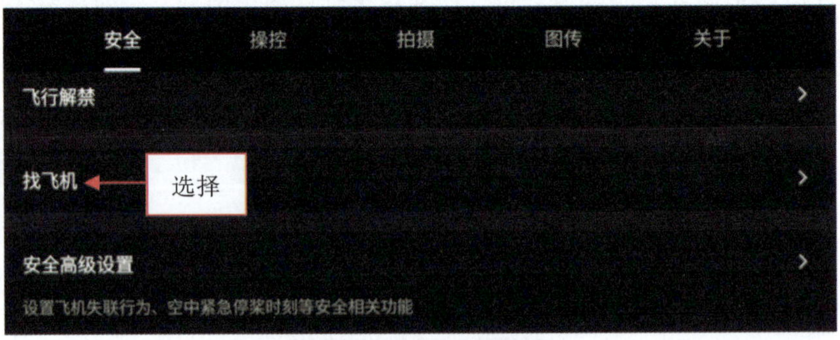

图 2-17　选择“找飞机”选项（1）

下面再介绍另外一种进入“找飞机”界面中的方法。

Step 01 在 DJI Fly App 主页中点击“我的”按钮，如图 2-18 所示，进入“我的”界面。

Step 02 在“我的”界面中选择“找飞机”选项，如图 2-19 所示。

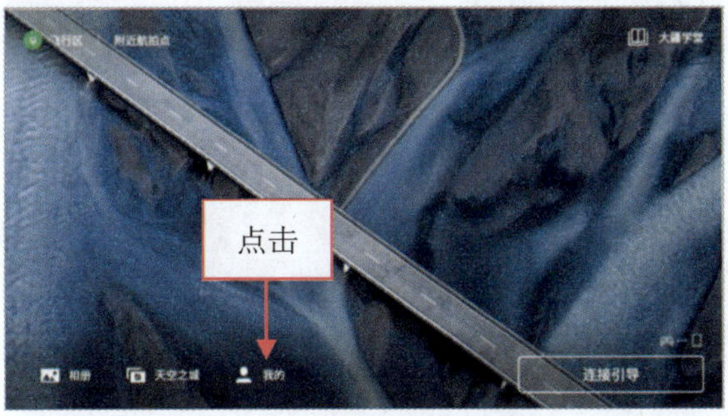

图 2-18　点击“我的”按钮

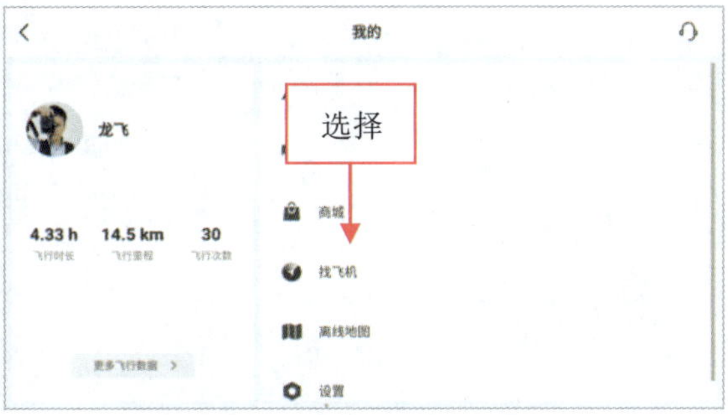

图 2-19　选择“找飞机”选项（2）

Step 03 进入相应的地图界面，放大地图，可以查看飞行器最后降落的位置和失联坐标，如图 2-20 所示，等自己靠近了飞行器的位置，可以试着选择“启动闪灯鸣叫”选项。

图 2-20　查看飞行器最后降落的位置和失联坐标

本章小结

本章主要介绍了无人机航拍的相关风险处理技巧，包括环境风险、高危区域的风险、飞行风险以及信号风险等，通过几十个无人机航拍风险案例，详细讲解了无人机在飞行与航拍中的风险规避技巧，帮助读者降低经济损失。

课后习题

鉴于本章知识的重要性，为了让读者能够更好地掌握所学知识，将通过课后习题进行简单的知识回顾和补充。

1．当无人机突然丢失 GPS 信号了，该怎么办？

2．当无人机丢失了，该如何找回无人机设备？

第 3 章
航拍工具用法

3

无人机是一个飞行器，需要配合 DJI Fly App 这个航拍工具一起使用，才能在天空中飞得更好、更安全。本章将主要讲述 DJI Fly App 的使用技巧。首先学习如何连接飞行器与登录 DJI Fly 账号，其次熟悉 DJI Fly App，最后学会进行系统设置、固件更新和数据更新等，快速上手使用遥控器与 DJI Fly。

本章重点

- 掌握连接无人机的方法
- 熟悉 DJI Fly App
- 熟悉系统设置
- 熟悉固件更新
- 了解其他设置

思政目标

- 掌握航拍工具——DJI Fly App 的基本操作，强调科技应用的普及与便利带来的责任与义务，培养操作技术的合法合规意识
- 强调航拍人员应注重数据信息安全，提倡在技术操作中保持谨慎与敬业的态度，倡导技术创新与社会责任相结合的理念

3.1　连接无人机

对于大疆 Mavic 3 Pro 无人机，需要在 DJI Fly App 中操作才能飞行。本节将主要介绍连接无人机与登录 DJI Fly 账号的操作方法。

3.1.1　连接设备

连接设备

当激活 DJI 设备之后，就可以把遥控器与飞行器连接起来，这样就能操控无人机。下面将介绍如何把 RC 遥控器与飞行器连接起来。

Step 01 开启 RC 遥控器与飞行器的电源，在遥控器中进入 DJI Fly App 的主页，点击“连接引导”按钮，如图 3-1 所示。

图 3-1　点击“连接引导”按钮

Step 02 进入“选择一款飞机”界面，选择 DJI MAVIC 3 PRO 选项，如图 3-2 所示。

图 3-2　选择 DJI MAVIC 3 PRO 选项

Step 03 待遥控器与飞行器对频配对成功后，就会进入相应的主页，在其中点击 GO FLY 按钮，如图 3-3 所示。

图 3-3　点击 GO FLY 按钮

Step 04 即可进入 DJI Fly 相机界面，如图 3-4 所示，遥控器与飞行器也已经正确连接。

图 3-4　DJI Fly 相机界面

▶ 专家指点

除了使用 App 对频飞行器外，还可以使用快捷组合键对频飞行器。在开启飞行器及遥控器的电源之后，同时按下遥控器上的自定义按键 C1、C2 和录像按键，此时遥控器状态指示灯蓝灯闪烁，并发出“嘀嘀…”的提示音，表示进入对频状态。

长按飞行器电池开关 4 s 以上，进入对频，飞行器电池电量指示灯循环闪烁，并发出“嘀…嘀嘀”的提示音。对频成功后遥控器发出“嘀嘀”的两声提示音，状态指示灯绿灯常亮，表示配对成功。

3.1.2　登录账号

登录账号

对于没有注册过大疆旗下产品账号的新用户，在登录 DJI Fly App 的时，需要用手机号码注册相应的账号。如果已经有了 DJI 账号，那么就可以直接登录。下面介绍具体的登录方法。

Step 01 开启 RC 遥控器与飞行器的电源，在遥控器中进入 DJI Fly App 的主页，点击“我的”按钮，如图 3-5 所示。

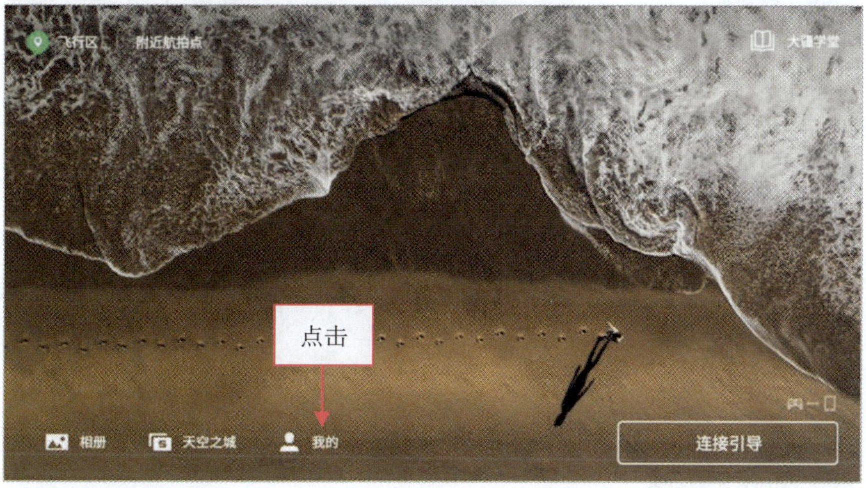

图 3-5　点击“我的”按钮

Step 02 在“我的”界面中点击“登录”按钮，如图 3-6 所示。

图 3-6　点击“登录”按钮

Step 03 ❶在弹出的界面中输入手机号码；❷选中“我已阅读并同意大疆创新的用户协议、隐私通知和信息授权”复选框；❸点击“下一步”按钮，如图 3-7 所示。

Step 04 ❶输入密码；❷点击“登录”按钮，如图 3-8 所示。

Step 05 ❶弹出“登录成功”提示；❷点击“更多飞行数据”按钮，如图 3-9 所示。

图 3-7　点击“下一步”按钮

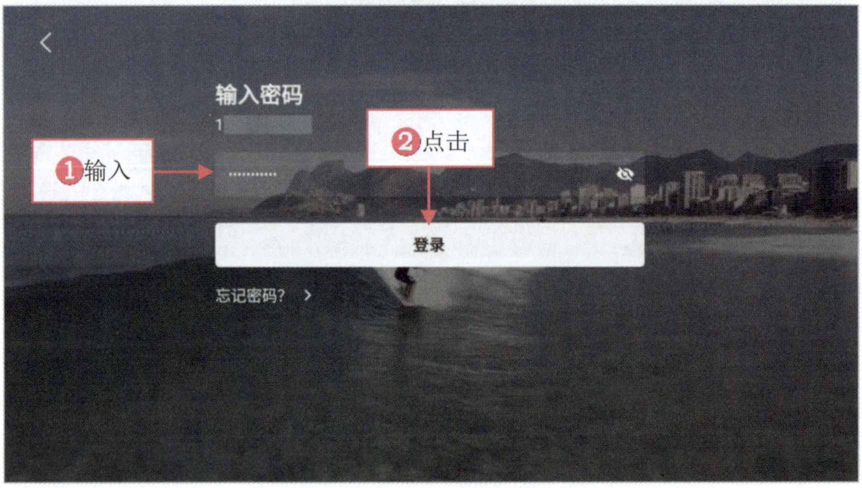

图 3-8　点击“登录”按钮

图 3-9　点击“更多飞行数据”按钮

Step06 进入“飞行数据中心”界面，弹出“飞行记录云备份”对话框，如图 3-10 所示，用户可以选择备份飞行记录，在“飞行数据中心”界面中还可以查看过往的飞行记录。

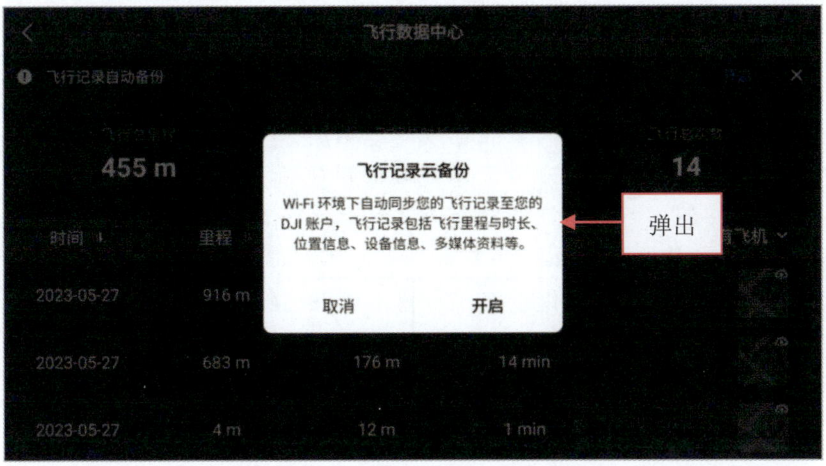

图 3-10　“飞行记录云备份”对话框

3.2　DJI Fly App

启动 DJI Fly App 之后，就可以进入 DJI Fly App 的主页。熟悉 App 各个主页和界面上的功能，对于飞行、后期都非常有帮助。

3.2.1　App 主页

主页是一启动 DJI Fly App 后就见到的画面，了解和认识 DJI Fly App 主页上的按钮和功能，可以更好地使用这款软件。DJI Fly App 主页如图 3-11 所示。

图 3-11　DJI Fly App 主页

下面详细介绍 DJI Fly App 主页上各按钮的功能。

❶ **飞行区丨附近航拍点**：点击该按钮，可查看或分享附近合适的飞行或拍摄地点，了解限飞区域的相关信息，以及预览不同地点的航拍图集等。

❷ **大疆学堂**：点击该按钮，进入大疆学堂，可选择产品类型，查看相应产品的功能教程、玩法攻略、飞行安全和说明书。

❸ **相册**：点击该按钮，访问飞行器相册及本地相册。

❹ **天空之城**：点击该按钮，可观看天空之城精彩视频及图片。

❺ **我的**：点击该按钮，可查看账户信息及飞行记录；访问 DJI 论坛、DJI 商城；使用找飞机功能；下载离线地图；其他设置如固件更新、飞行界面、清除缓存、隐私、语言等。

❻ **连接引导**：点击该按钮，可以连接飞行器；如果已经连接飞行器，点击该按钮，可以进入相机界面。

> ▶ 专家指点
>
> 在 DJI RC 遥控器上的相册界面中不能创作视频，只有手机版 DJI Fly App 中的相册才有“创作”功能，用户可以把素材套用模板，也可以自行剪辑视频。

3.2.2 快捷面板

当在 DJI RC 遥控器中启动 DJI Fly App，进入主页并从屏幕顶部边缘连续向下滑，就可以进入快捷面板，如图 3-12 所示。

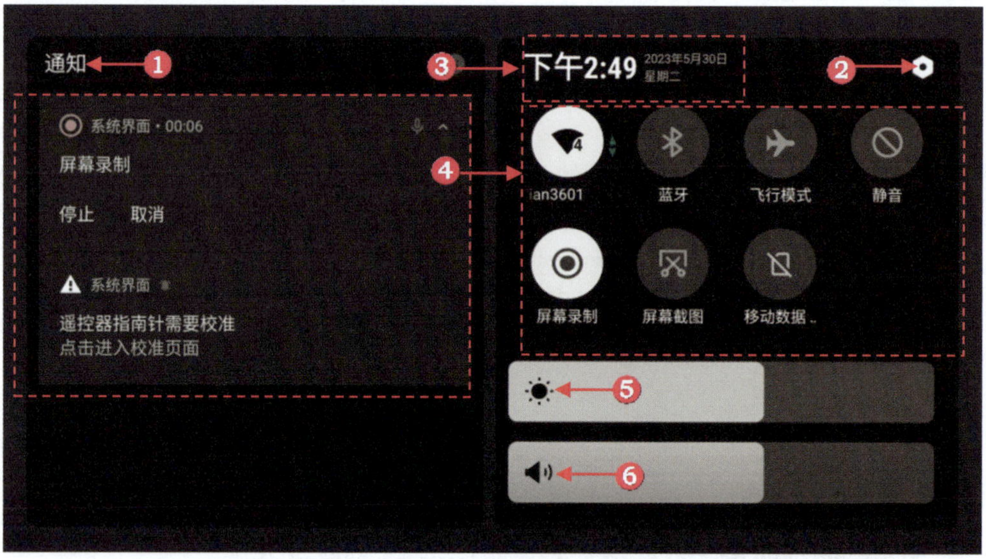

图 3-12 快捷面板

下面详细介绍快捷面板的功能。

❶ **通知**：下方显示了系统通知，点击按钮可清除通知。

❷ **系统设置**：点击按钮可进入系统“设置”菜单，可进行网络、蓝牙、声音等系统设置，并且可以查看功能指南，快速了解遥控器按键及指示灯信息。

❸ **时间日期**：查看时间和日期。

❹ **快捷方式栏：**点击 WLAN 按钮可开启/关闭无线网络（wireless fidelity，Wi-Fi），长按可选择或设置需要连接的 Wi-Fi 网络；点击“蓝牙”按钮可开启/关闭蓝牙连接，长按可进行蓝牙连接设置；点击“飞行模式”按钮可开启/关闭飞行模式，开启时会关闭 Wi-Fi 和蓝牙功能；点击“静音”按钮设置静音，可屏蔽系统消息弹窗，并完全关闭遥控器提示音；点击“屏幕录制”按钮可开启/关闭录屏功能，不过需要插入 SD 卡后才可使用；点击“屏幕截图”按钮可以对当前画面进行截屏，不过需要插入 SD 卡后才可使用；点击“移动数据”按钮可以开启数据流量，不过要插入客户识别模块（subscriber identity module，SIM）卡。

❺ **屏幕亮度调节：**拖动滑动条可调节屏幕亮度。

❻ **音量调节：**拖动滑动条可调节媒体音量。

> ▶ 专家指点
>
> 快捷面板中的“屏幕截图”功能不能截屏快捷面板中的画面，“屏幕录制”功能则可以录制快捷面板的画面。

3.2.3　相机界面

认识 DJI Fly App 相机界面中各按钮和图标的功能，可以更好地掌握无人机的飞行技巧。在 DJI Fly App 主页中，点击 GO FLY 按钮，即可进入 DJI Fly App 相机界面，如图 3-13 所示。

图 3-13　DJI Fly App 相机界面

下面详细介绍 DJI Fly App 相机界面中各按钮/图标的含义及功能。

❶ **返回按钮**：点击该按钮，可返回到 DJI Fly App 的主页中。

❷ **飞行挡位：**当前的飞行挡位是“普通挡”，在 RC 遥控器上可切换挡位至“平稳挡”或“运动挡”。

❸ **飞行器状态指示栏：**显示飞行器的飞行状态以及各种警示信息，当前显示“飞行中”。

❹ **航点飞行按钮**:：点击该按钮，可开启/退出航点飞行模式。

❺ **智能飞行电池信息栏**：显示当前智能飞行电池电量百分比及剩余可飞行时间，点击该图标可查看更多电池信息。

❻ **图传信号强度**：显示当前飞行器与遥控器之间的图传信号强度，点击该图标，可查看强度。

❼ **视觉系统状态**：图标左边部分表示水平全向视觉系统状态，右边部分表示上、下视觉系统状态；图标白色表示视觉系统工作正常，红色表示视觉系统关闭或工作异常，此时无法躲避障碍物。

❽ **GNSS 状态**：显示 GNSS 信号强弱，点击该图标，可查看具体 GPS 信号的强度和星数。当图标显示为白色时，表示 GNSS 信号良好，可刷新返航点；红色则需要谨慎飞行。

❾ **系统设置按钮**：系统设置包括安全、操控、拍摄、图传和关于，详情见下一节。

❿ **拍摄模式按钮**：点击该按钮，可以设置具体的拍摄模式。

⓫ **对焦条**：有 1 倍、3 倍、7 倍可选，在探索模式下，可支持 28 倍变焦。。

⓬ **拍摄按钮**：点击该按钮，可触发相机拍照或开始/停止录像。

⓭ **对焦按钮**：点击该按钮，可切换对焦方式（有 AF/MF），长按该按钮可调出对焦条。

⓮ **回放按钮**：点击该按钮，可查看已拍摄的视频及照片。

⓯ **相机挡位切换按钮**：在拍照模式下，支持切换 Auto 和 Pro 挡，不同挡位下可设置的参数不同。

⓰ **曝光值**：数字为 0 代表曝光正常；负值代表画面暗；正值越大就代表曝光过度。

⓱ **拍摄参数**：显示当前的拍摄参数，点击该图标，可设置分辨率和帧率参数。

⓲ **存储信息栏**：显示当前 SD 卡及机身的存储容量，点击该图标，可展开详情。

⓳ **飞行状态参数**：显示飞行器与返航点水平方向的距离（D）和速度，以及飞行器与返航点垂直方向的距离（H）和速度。

⓴ **地图**：点击可打开地图面板，或者切换至姿态球。姿态球支持切换以飞行器为中心/以遥控器为中心，会显示飞行器的机头朝向、倾斜角度，遥控器、返航点位置等信息。

㉑ **自动起飞/降落/智能返航按钮**：显示自动起飞/降落时，点击该按钮，展开控制面板，长按可以使飞行器自动起飞或降落；显示智能返航时，点击该按钮，展开控制面板并长按，让飞行器自动返航降落并关闭电机。

> **▶ 专家指点**
>
> 在相机界面中，除了点击相应的按钮或者图标进行操作外，还可以对画面进行快捷操作。下面介绍 3 种常用的画面快捷操作方法。
>
> （1）在飞行过程中，连续点击画面上的兴趣点两次，飞行器会自动转动云台相机，将该点置于画面中心。
>
> （2）在相机界面中长按，可以调出云台角度控制条，之后在屏幕中上下左右拖曳，可以控制云台的俯仰或平移角度。
>
> （3）点击屏幕可触发点对焦/点测光，在不同的拍摄模式、对焦模式、曝光模式和测光模式下，点击屏幕将触发不同的对焦/测光显示情况。

3.3 系 统 设 置

DJI Fly App 的系统设置中有 5 个界面，在其中可以进行相应的设置，辅助飞行。本节将详细介绍这 5 个界面中的一些设置。

3.3.1 安全

点击系统设置按钮，进入的第一个界面，也就是“安全”设置界面，如图 3-14 所示。

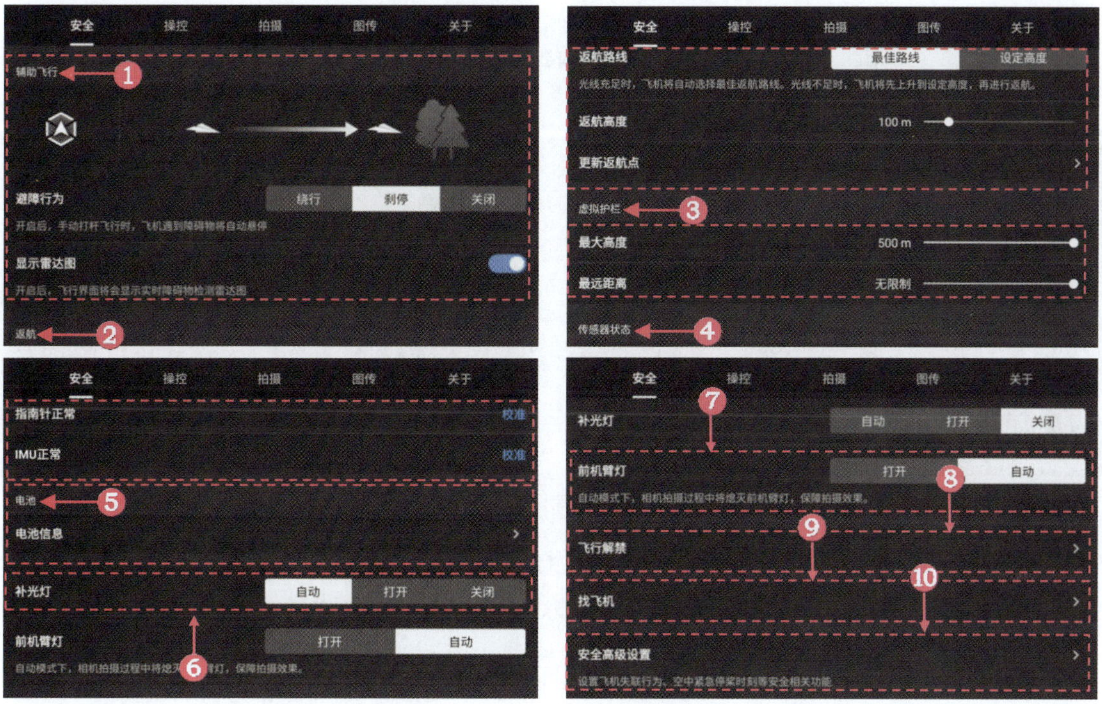

图 3-14 “安全”设置界面

下面将对相应的设置进行详细的介绍。

❶ **辅助飞行**：在避障行为中选择“绕行”或“刹停”选项后，在打杆飞行中，将打开水平全向视觉系统；选择“关闭”选项后，飞行器无避障功能。开启“显示雷达图”功能后，相机界面将显示实时障碍物检测雷达图。

❷ **返航**：可设置返航路线、返航高度和更新返航点，设置 100 m 左右的返航高度，是比较保险的。

❸ **虚拟护栏**：设置飞行的最大高度和最远距离，在非限高区，可以设置最大高度为 500 m；在限高区，最大高度可设置为 120 m。

❹ **传感器状态**：可查看指南针和惯性测量单元（inertial measurement unit，IMU）的状态，如果有异常，一定要按提示校准。

❺ **电池**：点击按钮，可查看电池信息详情，包括电芯状态、电池序列号和电池循环次数。

❻ **补光灯**：可设置补光灯自动、打开或关闭，未起飞时请勿打开补光灯。

❼ **前机臂灯：**可设置为打开或自动，在自动模式下，相机在拍摄的过程中，会熄灭前机臂灯，保障拍摄效果。

❽ **飞行解禁：**点击 > 按钮，可查看飞行解禁相关信息。

❾ **找飞机：**利用地图或使飞行器启动闪灯鸣叫，以此查找飞行器的位置。

❿ **安全高级设置：**当遥控器失去信号时，飞行器失联行为可选择返航、降落或悬停；空中紧急停桨设置需要谨慎使用，因为空中停机将造成飞行器坠毁；Air Sense（空气感）开启后，DJI Fly 将在检测到附近空域有载人飞机时，发出警示。

3.3.2 操控

点击“操控”按钮，就可以进入“操控”设置界面中，部分设置如图 3-15 所示。下面将对相应的设置进行详细的介绍。

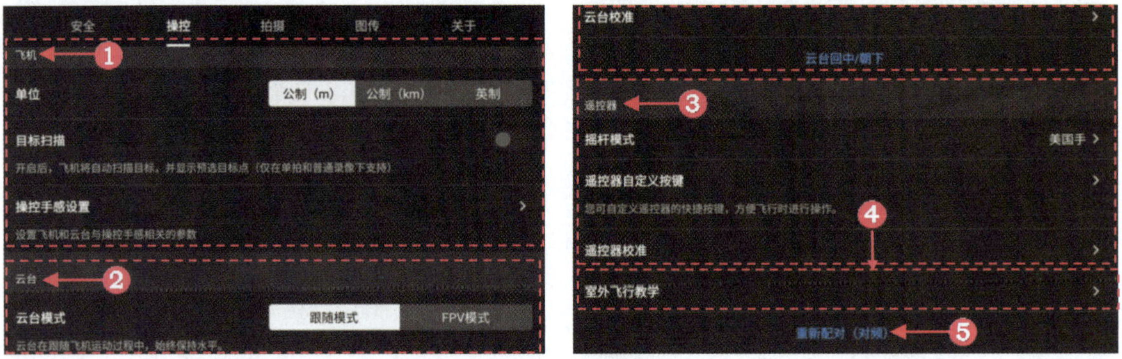

图 3-15 “操控”设置界面

❶ **飞机：**可设置公制或英制单位；可开启目标扫描开关，飞行器将自动扫描目标并显示预选目标点；在操控手感设置中可设置飞行器最大水平速度、最大上升速度、最大下降速度、最大转向速度、转向平滑度、刹车灵敏度及 Expo 曲线、云台最大俯仰速度和俯仰平滑度。

❷ **云台：**设置云台模式（跟随模式、FPV 模式），进行云台校准和控制云台回中或朝下。

❸ **遥控器：**包括选择摇杆模式（日本手、美国手、中国手、自定义）、遥控器自定义按键功能设置及遥控器校准入口。

❹ **室外飞行教学：**点击 > 按钮，可以观看飞行教学视频。

❺ **重新配对（对频）：**如果遥控器未与飞行器配对，就要点击该按钮进行配对。

3.3.3 拍摄

不同的拍摄模式，“拍摄”设置界面会有细微的区别。下面将主要介绍录像模式和拍照模式下的“拍摄”设置界面。

1. 录像模式

点击“拍摄”按钮，就可以进入“拍摄”设置界面。如果相机是在录像模式下，那么设置界面会有部分变化，部分设置如图 3-16 所示。下面将对部分设置进行详细的介绍。

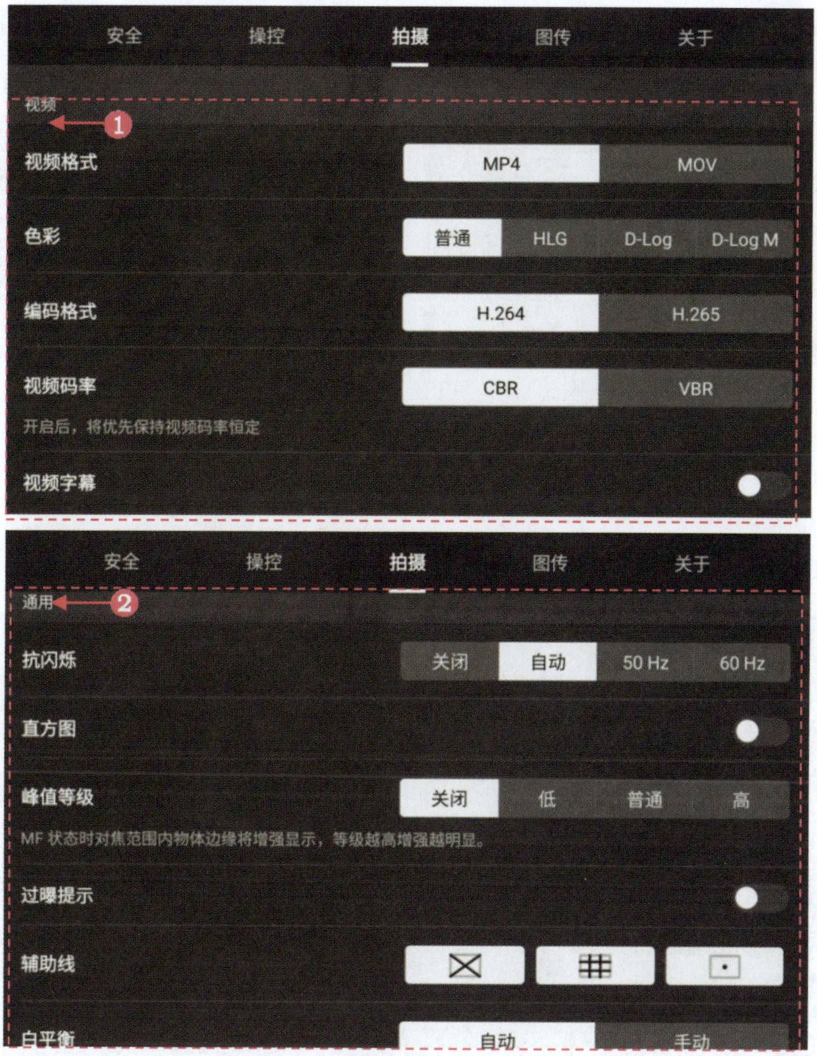

图 3-16　“拍摄”设置界面（1）

❶ **视频**：可以设置视频格式、色彩、编码格式和视频码率，也可以选择关闭视频字幕。

❷ **通用**：包括设置抗闪烁、峰值等级和白平衡，开启/关闭直方图、过曝提示和辅助线。

2. 拍照模式

在拍照模式下，设置界面会有部分变化，部分设置如图 3-17 所示。下面将对部分设置进行详细的介绍。

❶ **拍照**：可以设置照片格式、照片比例，用户根据后期需要和喜好设置即可。

❷ **存储**：设置存储位置为 SD 卡或者飞机自带存储；设置文件夹后缀会新建一个文件夹存储素材；设置素材后缀会在后续拍摄的素材中生效；可以开启/关闭录制视频时进行缓存；还可以设置最大视频缓存容量，达到缓存上限后，将自动删除最早的缓存。

❸ **重置相机参数**：点击该按钮，可将相机参数恢复至出厂设置。

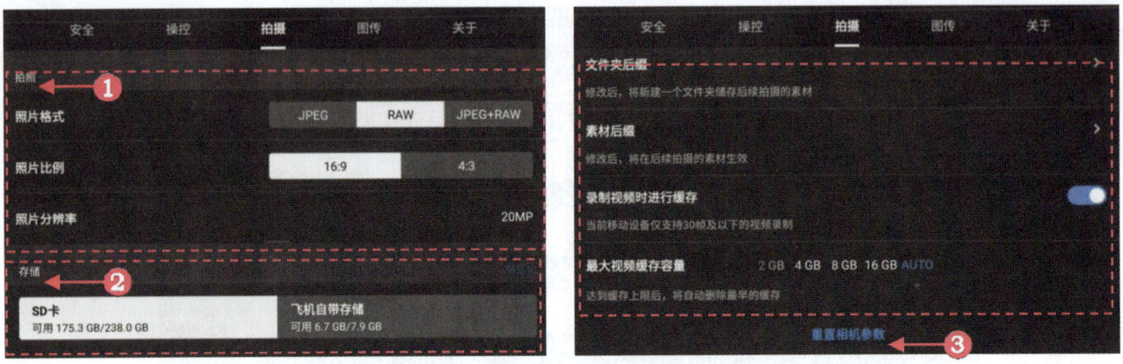

图 3-17 “拍摄”设置界面（2）

3.3.4 图传

点击“图传”按钮，可以进入“图传”设置界面中，如图 3-18 所示。在其中可以设置图传频段和信道模式（DJI RC 遥控器不支持直播平台和 HDMI 输出功能）。

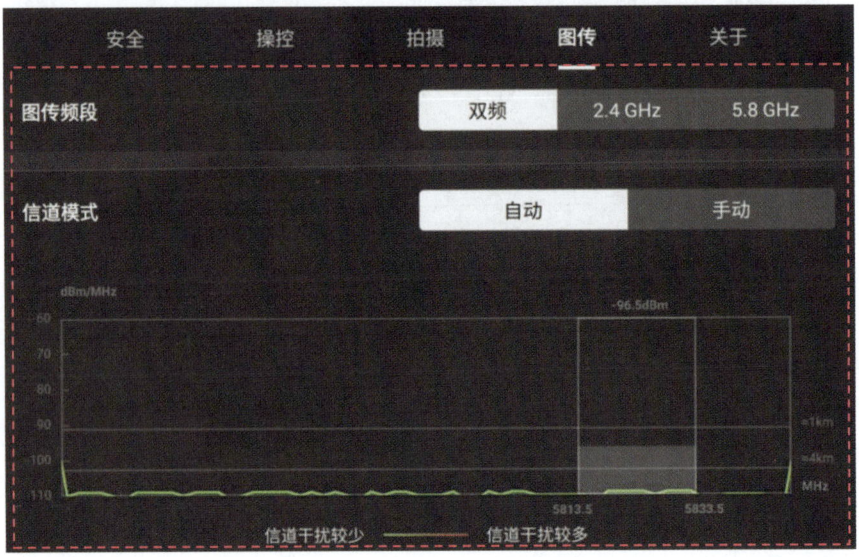

图 3-18 “图传”设置界面

3.3.5 关于

点击“关于”按钮，就可以进入“关于”设置界面中，如图 3-19 所示。下面将对相应的设置进行详细的介绍。

❶ 在界面中可查看设备名称、Wi-Fi 名称、设备型号、App 版本、飞机固件版本号、遥控器固件版本号、飞行安全数据、产品序列号（serial number，SN）等信息。

❷ 重置所有设置：点击该按钮可重置所有设置，可将相机、云台、飞行安全所设置的参数恢复至出厂模式。

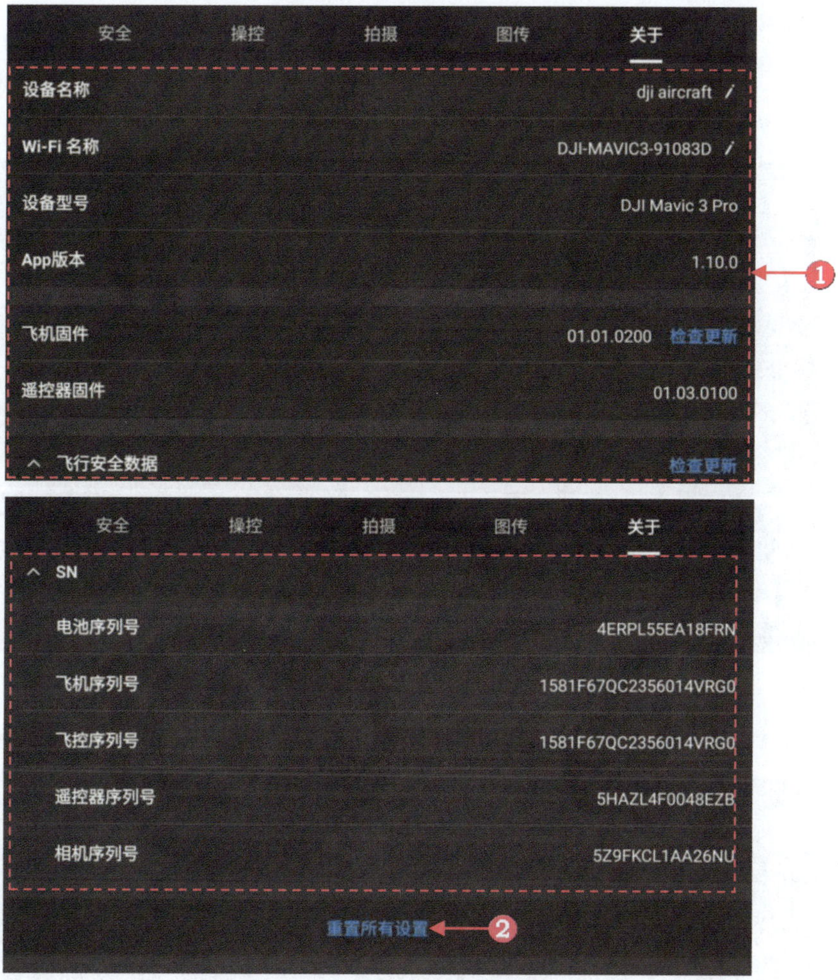

图 3-19　“关于”设置界面

3.4 固件更新

无论哪一款无人机，都会遇到固件更新和飞行安全数据更新的问题。更新和升级系统可以帮助无人机修复系统漏洞，或者新增某些功能，提升飞行的安全性。在进行更新前，一定要保证遥控器和飞行器都有足够的电量，以免中断更新过程，导致无人机系统崩盘。

本节将主要介绍固件更新与飞行安全数据更新的方法和步骤。如果不确定无人机是否需要固件更新和飞行安全数据更新，可以在“关于”设置界面中，点击“飞机固件”和“飞行安全数据”右侧的“检查更新”按钮，如果需要更新，则会弹出相应的提示。

3.4.1 固件更新

固件更新

在遥控器断网的情况下，可能不会弹出固件更新的提示，所以最好定期为遥控器联网，检查固件是否需要更新，在更新的时候也需要开启飞行器的电源。下面将介绍固件更新的具体操作方法。

Step 01 开启 RC 遥控器与飞行器的电源，在遥控器中进入 DJI Fly App 的主页，右上角弹出相应的固件更新提示，点击“更新”按钮，如图 3-20 所示。

图 3-20　点击“更新”按钮

Step 02 即可下载固件，并显示相应的下载进度，点击“详情”按钮，如图 3-21 所示。

图 3-21　点击“详情”按钮

Step 03 进入相应的界面，查看固件版本的内存大小和版本号，如图 3-22 所示。

Step 04 点击×按钮，退出界面，等待固件更新成功之后，右上角会弹出更新成功的提示，如图 3-23 所示。

图 3-22　查看固件版本的内存大小和版本号

图 3-23　弹出更新成功的提示

3.4.2　数据更新

数据更新

很多人在户外飞行无人机的时候，大多数情况下可能都不会联网，所以最好在外出飞行前进行联网，检查是否需要固件更新或者飞行安全数据更新。在室内用 Wi-Fi 下载和更新数据会比用热点流量下载更快一些，这样能留更多的时间和电量用在飞行中。

如果在户外飞行的过程中，遥控器弹出相应的更新提示，用户可以暂时忽略更新信息，等结束飞行拍摄之后再更新，保障飞行的安全和效率。下面将介绍飞行安全数据更新的具体操作方法。

Step 01 开启 RC 遥控器与飞行器的电源，在遥控器中进入 DJI Fly App 的主页，右上角弹出相应的更新提示，点击“更新”按钮，如图 3-24 所示。

Step 02 即可下载飞行安全数据，并显示相应的下载进度，如图 3-25 所示。

图 3-24　点击“更新”按钮

图 3-25　显示下载进度

Step 03 等数据更新成功之后，右上角会弹出更新成功的提示，如图 3-26 所示。

图 3-26　弹出更新成功的提示

3.5　其他设置

为了安全飞行无人机和拍出理想照片，用户在飞行无人机之前，还需要对无人机进行相应的设置，比如开启避障功能、设置照片和视频的比例与格式等，这样才能确保无人机的飞行安全和航拍作品的质量。

3.5.1　姿态球

在 DJI Fly App 相机界面中，点击左下角的地图图标，就可以打开地图，如图 3-27 所示。在其中可以看到飞行器的朝向、位置和周围的环境，对无人机所处的环境有一个大概的了解。

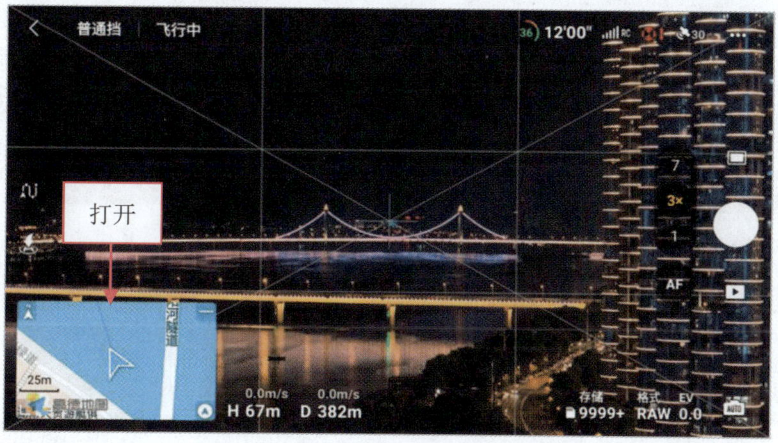

图 3-27　打开地图

在地图中点击右下角的按钮，就可以打开姿态球，如图 3-28 所示。从姿态球中可以判断飞行器的机头朝向、倾斜角度，遥控器和返航点的位置，当前的飞行器是在返航点的上空，在遥控器的前方，飞行器朝向北面，位置水平，说明没有大风。

图 3-28　打开姿态球

在姿态球中点击右下角的按钮，又可以切换到地图中。

3.5.2 辅助线

为了让画面构图更加均衡，可以在设置界面中设置拍摄辅助线。在“拍摄”设置界面中，点击“辅助线”右侧的、和按钮，就可以打开交叉对称线、九宫格线和中心点辅助线，让你在拍摄构图中，更加得心应手，如图 3-29 所示。

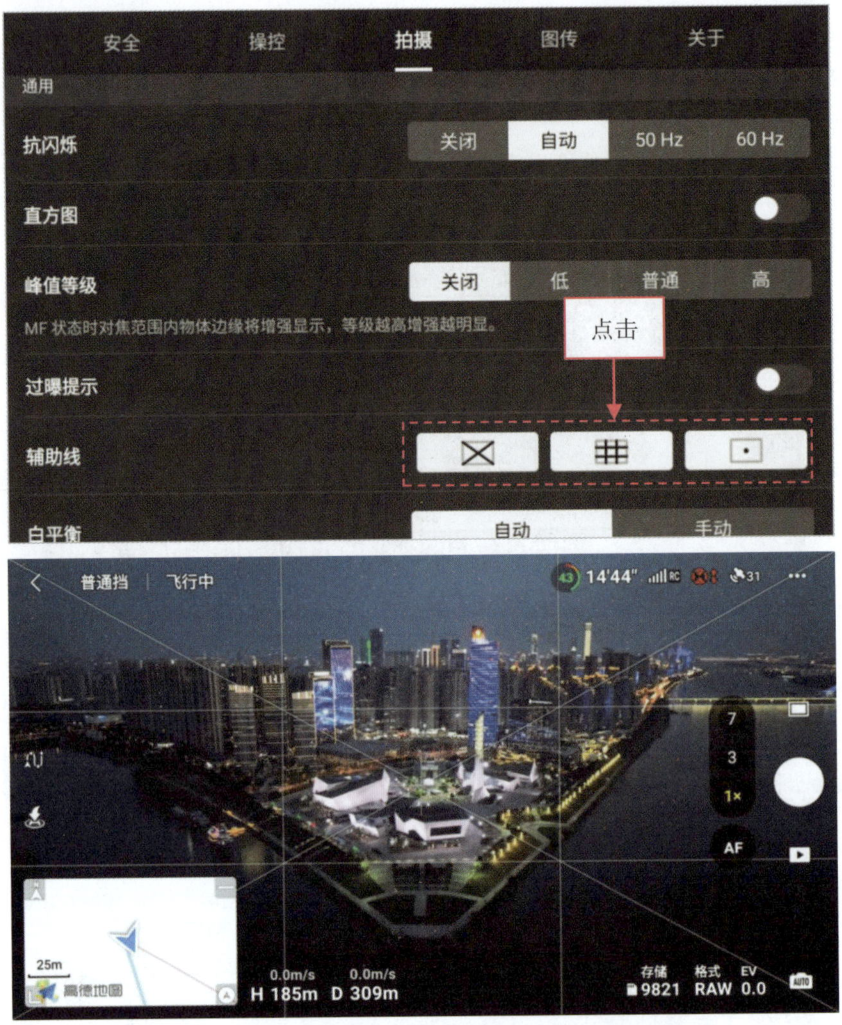

图 3-29　打开交叉对称线、九宫格线和中心点辅助线

3.5.3 飞行高度

在城市中飞行无人机，部分区域是有限飞区的。为了飞行安全，可以设置最大飞行高度，这样就能弹出相应的提示，具体操作方法如下。

进入“安全”设置界面，在限高区，设置“最大高度”为 120 m，在非限高区，可以设置“最大高度”为 500 m，如图 3-30 所示。

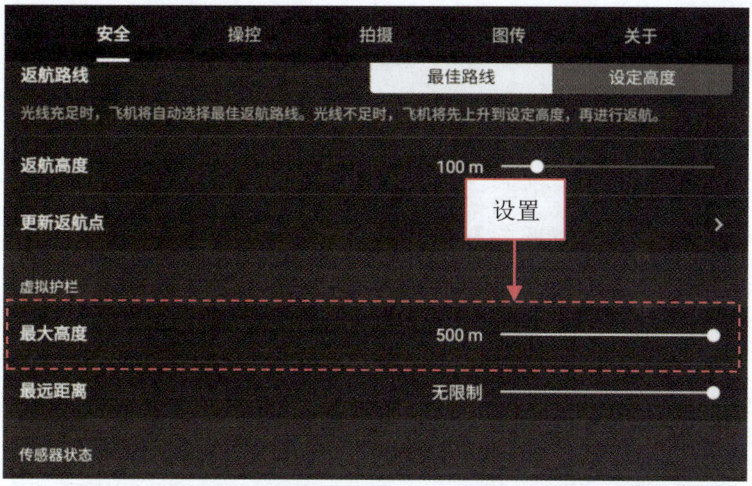

图 3-30 设置“最大高度”为 500 m

当无人机飞行高度超过 120 m 的时候，相机界面中会弹出相应的提示，需要用户注意飞行高度，如图 3-31 所示。如果无人机可以继续升高，说明就不是处于限高区域。

图 3-31 相机界面中会弹出相应的提示

3.5.4 拍摄模式

DJI Fly App 提供了 6 种拍摄模式，这些模式可以满足人们日常的拍摄需求。了解拍摄模式，也是学习无人机航拍摄影的基础。下面介绍进入不同拍摄模式的方法。

拍摄模式

Step 01 在 DJI Fly App 的相机界面中，点击右侧的拍摄模式按钮，弹出相应的面板，默认选择“录像”模式，如图 3-32 所示。

Step 02 在面板中向上滑动屏幕，可以选择“全景”拍摄模式，如图 3-33 所示。在 DJI Fly App 中，一共有“拍照”“录像”“大师镜头”“一键短片”“延时摄影”和“全景”6 种拍摄模式，用户可以根据需求，选择不同的拍摄模式进行航拍。

图 3-32　默认选择“录像”模式

图 3-33　选择“全景”拍摄模式

3.5.5　照片格式

在 DJI Fly App 的“拍摄”设置界面中，❶可以设置 3 种照片格式：第一种是 JPEG 格式，第二种是 RAW 格式，第三种是 JPEG＋RAW 的双格式；❷还可以设置两种照片比例：一种是 16:9 的尺寸，另一种是 4:3 的尺寸，如图 3-34 所示。

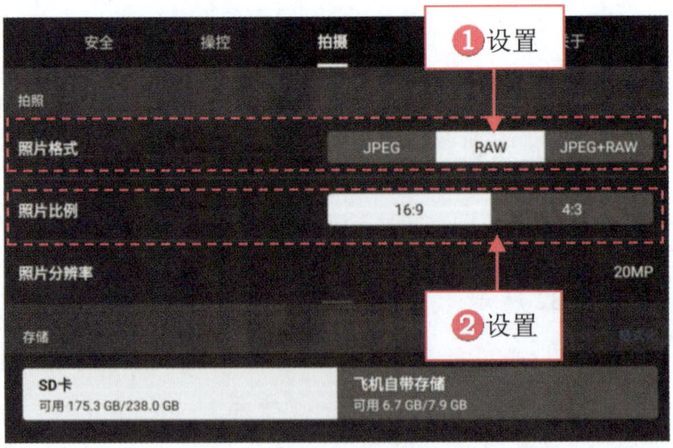

图 3-34　设置两种照片比例

JPEG 格式是日常最常见的照片处理格式，是拍摄后进行简单处理得到的图像，虽然丢失了一点细节，但是不太占用内存；RAW 格式则保留了传感器的原始信息，在后期能够提供更多处理空间。对于有画质要求的用户，最好选择 RAW 格式存储照片。

照片的比例不同，画面中所容纳的内容也会改变。图 3-35 为 16:9 比例尺寸和 4:3 比例尺寸的航拍照片，可以看到二者之间所呈现的视觉感受也会有所差异。

图 3-35　16:9 比例尺寸和 4:3 比例尺寸的航拍照片

3.5.6　视频格式

在 DJI Fly App 中进入“录像”模式，在“拍摄”设置界面中，❶可以设置两种视频格式：第一种是 MP4 格式，第二种是 MOV 格式；❷还可以设置视频的色彩模式，一共有 4 种可选，分别是“普通”、HLG、D-Log 和 D-Log M，如图 3-36 所示。

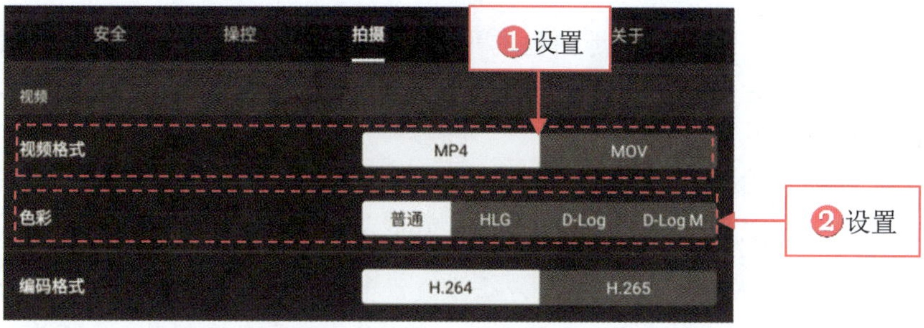

图 3-36　设置视频的色彩模式

在选择视频格式的时候，MP4 格式的视频是比较适合用来发布的，MOV 格式的视频则适合用于后期处理。MP4 通用性强，适合 PC 系统。MOV 是苹果公司开发的，适合苹果 MAC 系统。

视频色彩一般推荐用户使用“普通”或者采样为 10 bit 的 D-Log 模式，前者适合新手用户，后者适合对后期要求比较高的用户。采样为 10 bit 的 D-Log 模式有点类似于图片的 RAW 格式，能够在高对比度环境下还原亮部和暗部细节，记录足够的动态范围，给后期制作留下足够的调色空间。

HLG 模式在后期处理上，相较于“普通”模式下的色彩，会有更大的发挥空间，同时也不需要像 D-Log 有着繁琐的后期调色工作流程。HLG 适合用于在大光比环境，同时不需要专业后期调色工作流程的情况下。用户可以根据自己的需求，来设置视频的格式和色彩模式，其他数值选择默认选项即可。

3.5.7　拍摄挡位

在大疆 Mavic 3 Pro 中，拍摄挡位有 AUTO 挡和 PRO 挡，也就是自动挡和手动挡。下面将介绍如何设置拍摄挡位。

拍摄挡位

Step 01 在 DJI Fly App 相机界面的右下角，点击 AUTO 按钮，如图 3-37 所示。

Step 02 即可切换至 PRO 挡，如图 3-38 所示。PRO 挡位可以全部自动或个别参数自动，从而手动设置 ISO（感光度）、快门和光圈等参数。照片拍摄可以选固定 ISO 控制噪点，采用自动快门和光圈灵活拍摄。

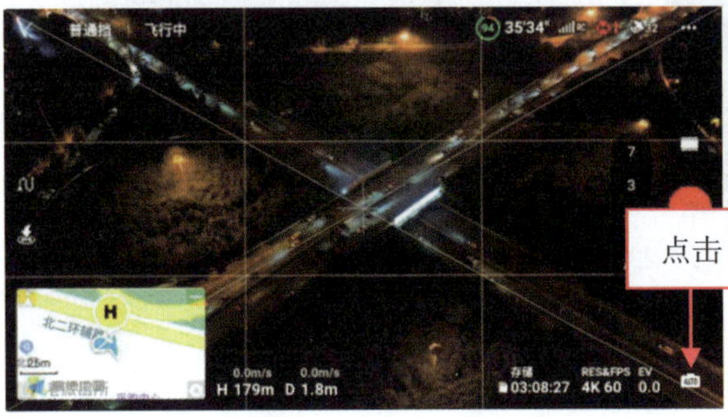

图 3-37　点击 AUTO 按钮

图 3-38　切换至 PRO 挡

3.5.8　白平衡

白平衡，字面上的理解就是白色的平衡。白平衡是描述显示器中红、绿、蓝三基色混合生成后白色精确度的一项指标，通过设置白平衡可以解决画面色彩和色调处理的一系列问题。

白平衡

在无人机的“拍摄”设置界面中，用户可以通过设置画面的白平衡参数，使画面达到不同的色调效果。下面主要介绍设置视频白平衡的操作方法。

Step 01 进入 DJI Fly App 相机界面，点击系统设置按钮，❶点击“拍摄”按钮，进入“拍摄”设置界面；❷把“白平衡”设置为“手动”模式；❸拖曳滑块，把参数设置为最小值 2 000 K，如图 3-39 所示，画面就会变成深蓝色。

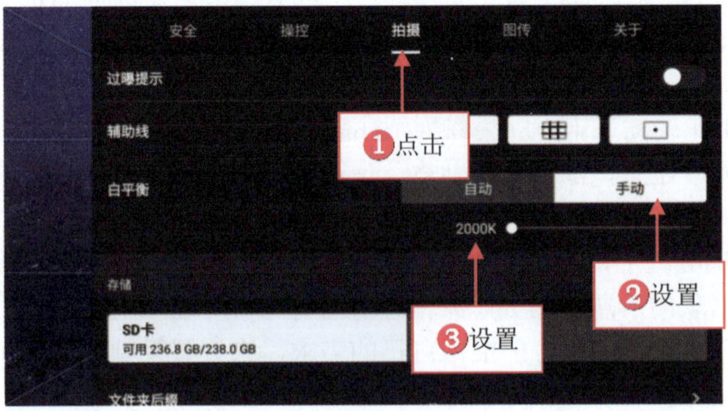

图 3-39　把参数设置为最小值 2 000 K

▶ 专家指点

把“白平衡”参数设置为最大值 10 000 K，画面色调则会变成橙红色。

Step 02 在“拍摄”设置界面中，将“白平衡”设置为“自动”模式，如图 3-40 所示，无人机会根据当时环境的画面亮度和颜色自动设置白平衡的参数。

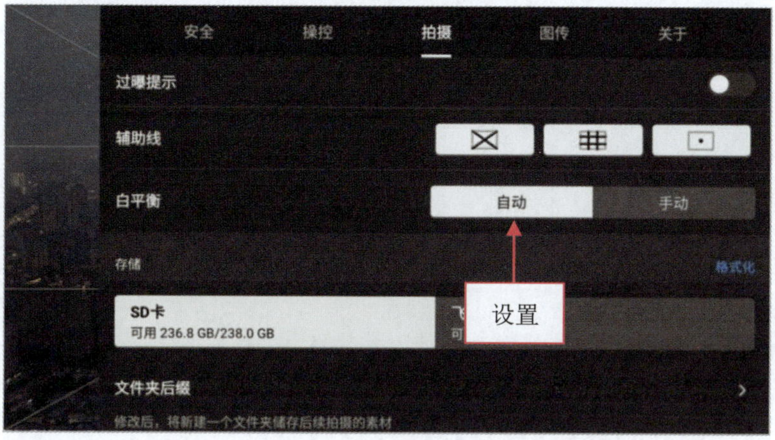

图 3-40　把“白平衡”设置为“自动”模式

本章小结

本章主要介绍了航拍工具——DJI Fly App 的基本用法。首先介绍了连接设备与登录账号的操作；其次介绍了 DJI Fly App 界面的相关功能以及系统的相关设置；再次介绍了固定更新与数据更新的方法；最后介绍了姿态球、辅助线、飞行高度以及拍摄模式的设置方法。通过本章的学习，读者可以熟练掌握 DJI Fly App 的相关功能设置，提高拍摄效率。

课后习题

鉴于本章知识的重要性，为了让读者能够更好地掌握所学知识，将通过课后习题进行简单的知识回顾和补充。

1．使用无人机航拍时，如何打开画面的辅助线？

2．航拍照片时，如何设置照片的格式与尺寸？

第 4 章
航拍基本动作

4

无人机在起飞与降落的过程中很容易发生事故，所以要熟练掌握无人机的起飞与降落操作，还要掌握无人机的一些入门与进阶飞行动作，如向上飞行、向下飞行、向左飞行、向右飞行、向前飞行、向后飞行以及俯视悬停等。

本章重点

- 掌握起飞与降落的操作方法
- 熟知入门动作的操作方法
- 熟悉进阶动作的操作方法

思政目标

- 了解航拍技术的基本动作，强调航拍人员应具备良好的飞行技能和安全意识，培养责任感和自我约束力
- 强调航拍人员在实践过程中应注重安全飞行，倡导在技术应用中积极践行社会责任，促进科技与社会和谐发展

4.1　起飞与降落

本节将主要介绍如何起飞与降落无人机。这是学习飞行动作之前最基础的操作，希望读者可以熟练掌握这些内容。

4.1.1　自动起飞

自动起飞

使用自动起飞功能可以帮助用户一键起飞无人机，既方便又快捷。下面介绍相应的操作方法（本书所有操作如无特殊说明，均以“美国手”作为操控讲解）。

Step 01 将飞行器放在水平地面上，依次开启遥控器与飞行器的电源，当左上角状态栏显示“可以起飞”的信息状态后，❶点击左侧的自动起飞按钮，弹出相应的面板；❷长按“起飞”按钮，如图 4-1 所示。

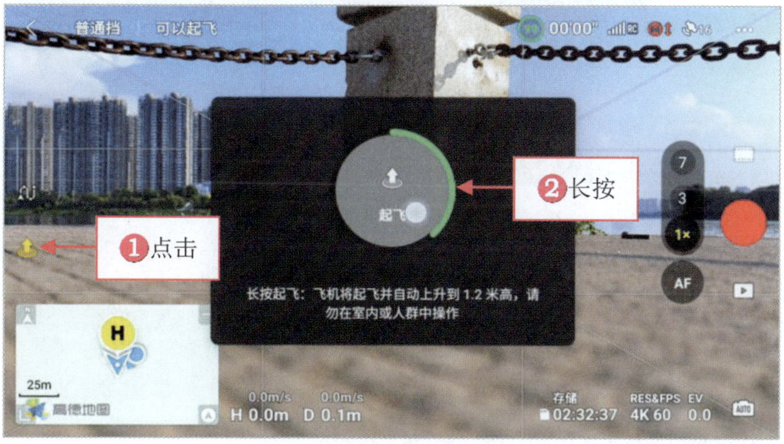

图 4-1　长按“起飞”按钮

Step 02 让无人机上升到 1.2 m 高，如图 4-2 所示，向上推动左侧的摇杆，可以让无人机继续升高。

图 4-2　让无人机上升到 1.2 m 高

4.1.2 自动降落

当无人机悬停在降落点上空的位置时，使用自动降落功能，可以一键降落无人机。下面介绍相应的操作方法。

自动降落

Step 01 ❶点击自动降落按钮，弹出相应的面板；❷长按“降落”按钮，如图 4-3 所示。

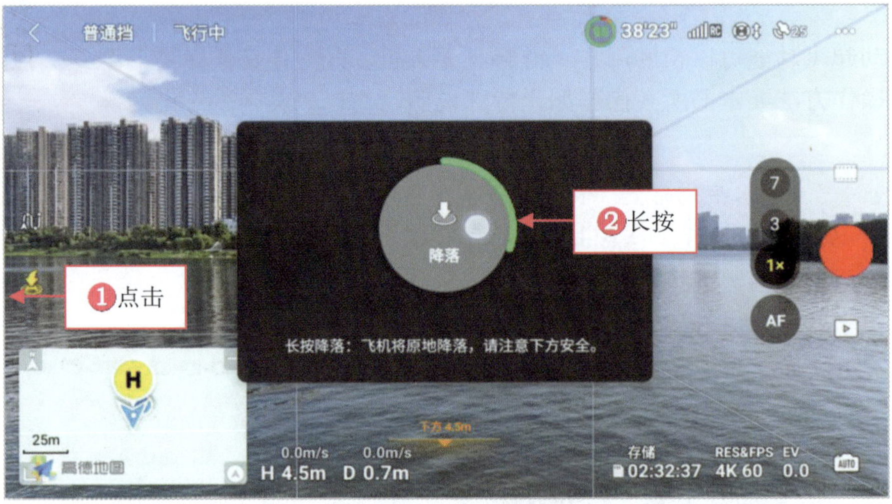

图 4-3 长按“降落”按钮

Step 02 无人机会自动降落在地面上，如图 4-4 所示，并停止电机。

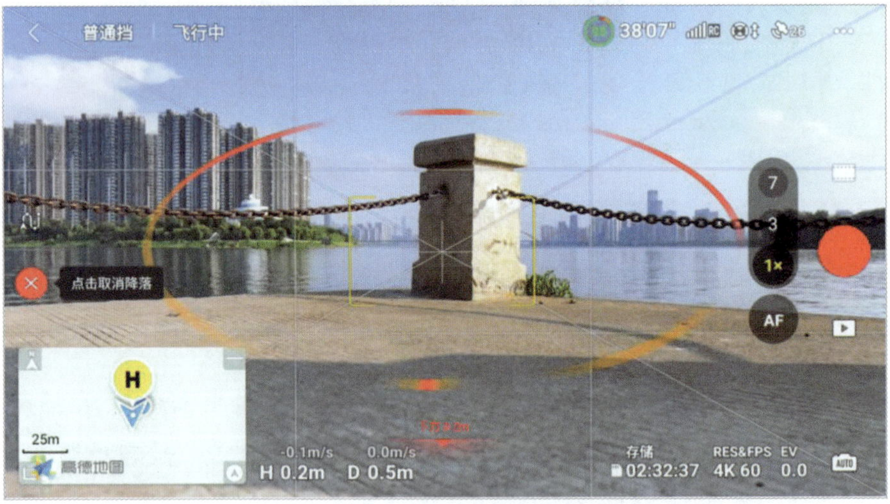

图 4-4 无人机会自动降落在地面上

4.1.3 手动起飞

手动启动电机之后，可以手动起飞无人机。下面介绍相应的操作方法。

将两个摇杆同时往内掰，或者同时往外掰，启动电机。电机启动后，将左摇杆缓慢地向上推动，无人机即可上升飞行，并刷新返航点，如图 4-5 所示。

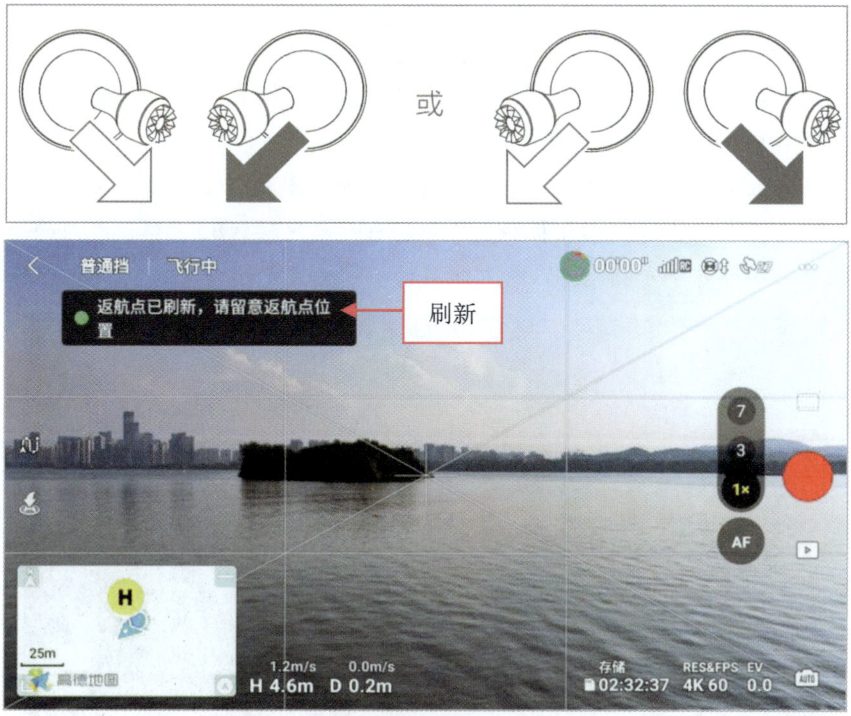

图 4-5　刷新返航点

4.1.4　手动降落

手动起飞无人机之后，也可以手动降落无人机。下面介绍相应的操作方法。

当无人机悬停在降落点上空的位置时，左手向下推动左摇杆，让无人机慢慢下降，直到无人机安全平稳地降落在地面上，如图 4-6 所示。

图 4-6　无人机安全平稳地降落在地面上

4.1.5 手持起飞

当无人机起飞的地面不太平整，或者有很多细沙等杂物的时候，可以通过手持无人机的方式起飞无人机。下面介绍相应的操作方法。注意，在行驶的船上不适合起飞无人机。

手持起飞

Step 01 飞手右手举起无人机，如图 4-7 所示，无人机的螺旋桨要与人物保持一定的距离，左手点击遥控器相机界面左侧的自动起飞按钮，弹出相应的面板并长按“起飞”按钮，松开左手手指，无人机电机启动，螺旋桨开始旋转。

图 4-7 飞手右手举起无人机

Step 02 右手轻轻往上抬，无人机即可起飞，慢慢上升，如图 4-8 所示。

图 4-8 右手轻轻往上抬

▶ 专家指点

在手持起飞时，还可以用左手将两个摇杆同时往内掰，手动启动电机，然后左手向上推动左摇杆，起飞无人机。在手持起飞时，右手手腕需要与无人机保持 90° 垂直，避免螺旋桨伤到手。电机启动之后，右手轻轻向上推动，让无人机飞离掌心。

4.1.6 手持降落

手持降落

为了手持降落无人机更加安全和稳定，用户可以关闭无人机的避障功能。手持降落还需要一定的技巧，下面介绍相应的操作方法。

Step 01 飞手左手拿遥控器，向下推动左摇杆，将无人机下降在飞手右前方，与头顶齐平，或者稍高一点的位置，如图 4-9 所示。

图 4-9 无人机下降至一定的位置

Step 02 待无人机悬停之后，右手从无人机下方垂直快速抓住无人机，同时左手一直向下推动左摇杆，关闭电机，如图 4-10 所示。飞机可能会有挣扎，这时需要抓稳不动，直到无人机熄火。

图 4-10 右手从无人机下方垂直快速抓住无人机

▶ 专家指点

在手持起飞和降落无人机时，要时刻调整手腕的角度和无人机之间的距离，避免受伤。

4.1.7　智能返航

当无人机飞得比较远的时候，可以使用智能返航让无人机自动返航。这样操作的好处是比较方便，不用重复的拨动左右摇杆，而缺点是用户需要先刷新返航点，然后再使用智能返航，以免无人机飞到其他地方。同时，要保证返航高度设置得足够高，比附近的最高建筑要高。下面介绍相应的操作方法。

智能返航

Step 01 当无人机飞远需要返航降落的时候，点击智能返航按钮，如图 4-11 所示。

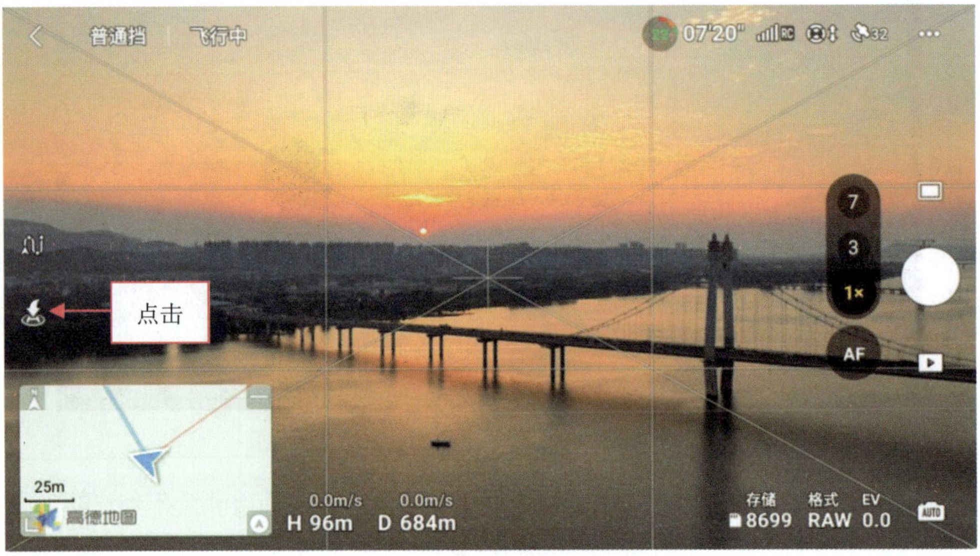

图 4-11　点击智能返航按钮

Step 02 弹出相应的面板，长按“返航”按钮，如图 4-12 所示。

图 4-12　长按“返航”按钮

Step 03 执行操作后，无人机朝着返航点飞行，界面左上角显示相应的提示信息，提示用户无人机正在自动返航，如图 4-13 所示。在返航过程如果又遇到好看的风景，在电量允许的情况下可以点击左侧的按钮，取消返航，再继续进行创作。

图 4-13　界面左上角显示相应的提示信息

Step 04 稍等片刻，即可完成无人机的智能返航操作，无人机成功降落在返航点，如图 4-14 所示。

图 4-14　无人机成功降落在返航点

4.2　入门动作

在空中进行航拍工作之前，首先要学会一些入门飞行动作，这样才能自由地掌控无人机的飞行。本节将主要介绍一些入门飞行动作。

4.2.1 向上飞行

向上飞行

向上飞行是无人机航拍中比较基础和初级的飞行动作。用户可以使用向上飞行慢慢地展示建筑和其周围的环境，如图 4-15 所示。

图 4-15 直线上升运镜

具体拍摄方法如下。

Step 01 用户让无人机先微微飞高，平拍建筑。

Step 02 慢慢地向上推动左侧的摇杆，让无人机上升飞行一段距离。

4.2.2 向下飞行

向下飞行

向下飞行可以慢慢地展示地面上的前景，转移画面中的焦点和中心主体，让观众有惊喜感，如图 4-16 所示。在拍摄时，用户需要先构思好飞行路线，这样才能表达出重点。具体拍摄方法如下。

Step 01 用户让无人机飞升至一定的高度，平拍彩虹。

Step 02 向下推动左侧的摇杆，让无人机下降飞行，降低高度，拍摄到地面的前景。

图 4-16　向下飞行的视频效果

4.2.3　向左飞行

向左飞行是指无人机从右侧飞向左侧，从右向左展示画面，如图 4-17 所示。让画面慢慢地水平移动展示，适合用来拍摄具有水平延展性的主体。

向左飞行

图 4-17　向左飞行的视频效果

图 4-17　向左飞行的视频效果（续）

具体拍摄方法如下。

Step 01 用户让无人机飞升至一定的高度，平拍江面上的沙洲。

Step 02 向左推动右侧的摇杆，让无人机向左飞行，越过岸边，拍摄到沙洲的左面。

4.2.4　向右飞行

向右飞行

向右飞行是一种右移镜头，与向左飞行的方向刚好相反，无人机向右移动飞行，拍摄城市的街景，可以在水平面上展现场景的层次感，如图 4-18 所示。

图 4-18　向右飞行的视频效果

具体拍摄方法如下。

Step 01 用户让无人机飞升至一定的高度，平拍城市风光。

Step 02 向右推动右侧的摇杆，让无人机向右飞行，展示右边的风光。

4.2.5 向前飞行

向前飞行

向前飞行有两种使用情境：第一种是无人机对准目标向前飞行，画面的目标会由小变大，如图 4-19 所示；第二种是无人机无目标地往前飞行，这种主要用来交待影片的环境。

图 4-19 向前飞行的视频效果

具体拍摄方法如下。

Step 01 用户让无人机先远离主体，并进行居中式构图。

Step 02 向上推动右侧的摇杆，让无人机前进飞行。

Step 03 如果主体不居中，可以中途微微地向右上方推动右侧摇杆，让目标居中。

4.2.6 后退飞行

后退飞行

后退飞行主要用来展示主体周围的环境，让主体在画面中慢慢变小，周围的环境慢慢变大，展示广阔的空间，如图 4-20 所示。

图 4-20　后退飞行的视频效果

具体拍摄方法如下。

Step 01 用户让无人机先靠近桥梁，拍摄局部，并进行对称构图。

Step 02 向下推动右侧的摇杆，让无人机后退飞行，直到拍摄到桥梁的全貌。

4.2.7　俯视悬停

俯视航拍中最简单的一种操作就是俯视悬停。俯视悬停是指将无人机停在固定的位置上，云台相机垂直 90° 朝下，一般用来拍摄移动的目标，如道路上的车流、水中的游船以及游泳的人等，如图 4-21 所示。

俯视悬停

具体拍摄方法如下。

Step 01 用户让无人机飞升至一定的高度，拍摄道路。

Step 02 向左拨动云台俯仰拨轮，调整角度至 90° ，并进行斜线构图，悬停拍摄。

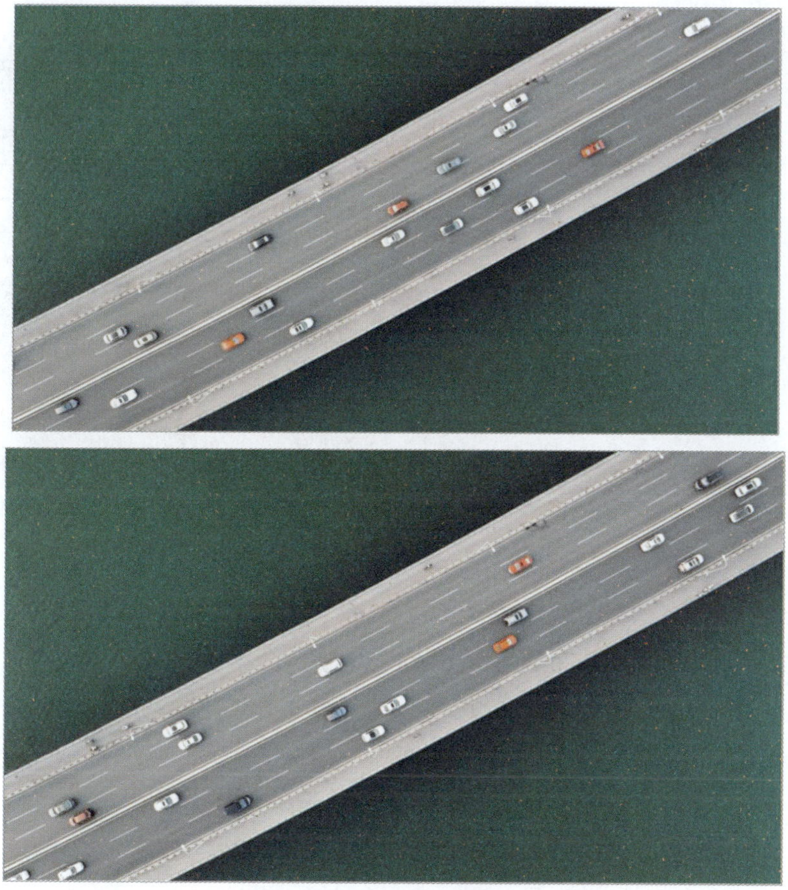

图 4-21　俯视悬停的视频效果

4.2.8　俯视下压

俯视下压是指让云台相机慢慢“低头”，进行下压，俯拍人物和风景，如图 4-22 所示。

教学视频

图 4-22　俯视下压的视频效果

图 4-22　俯视下压的视频效果（续）

具体拍摄方法如下。

Step 01 用户让无人机飞升至一定的高度，平拍前飞的风光。

Step 02 慢慢向左拨动云台俯仰拨轮，进行俯拍，让人物慢慢处于画面中。

4.3　进阶动作

在上一节中，进行了简单飞行动作的训练。当掌握了这些基本的飞行技巧后，接下来需要提升自己的航拍技术，学习一些进阶飞行动作。

4.3.1　旋转飞行

旋转飞行又称为原地转圈飞行，是指当无人机飞到高空后，向左或者向右推动左侧的摇杆，让无人机进行 360° 原地旋转。

图 4-23 为一段 360° 旋转飞行镜头，无人机在湘江上空进行旋转飞行拍摄，将周围的环境展示得淋漓尽致。

图 4-23　旋转飞行的视频效果

图 4-23　旋转飞行的视频效果（续）

4.3.2　环绕飞行

环绕飞行也叫“刷锅”，是指围绕某一个物体进行环绕飞行。环绕有向左环绕和向右环绕两种。在环绕飞行之前，最好先找到环绕中心，如高耸的建筑，如图 4-24 所示，以塔为环绕中心，进行逆时针环绕。

图 4-24　环绕飞行的视频效果

拍摄方法：将右摇杆缓慢向右推动，无人机向右平飞。同时左手向左推动左摇杆，让无人机右飞的同时向左逆时针旋转。

> ▶ 专家指点
>
> 右手打杆控制无人机向右飞，右手杆量越大，无人机飞行速度越大，环绕的速度就越快；左手打杆控制无人机转向，左手杆量越大，无人机弯转得越急，环绕的半径就越小。

4.3.3　8 字飞行

8 字飞行是比较有难度的一种飞行动作。当用户对前面几组飞行动作都已经很熟练了，接下来就可以开始练习 8 字飞行了。8 字飞行也是无人机飞行考证的必考内容。

8 字飞行

8 字飞行会用到左右摇杆的很多功能，需要左手和右手完美配合。在 DJI Fly App 的相机界面中，点击左下角的地图，可以查看飞行轨迹。8 字飞行的轨迹如图 4-25 所示。

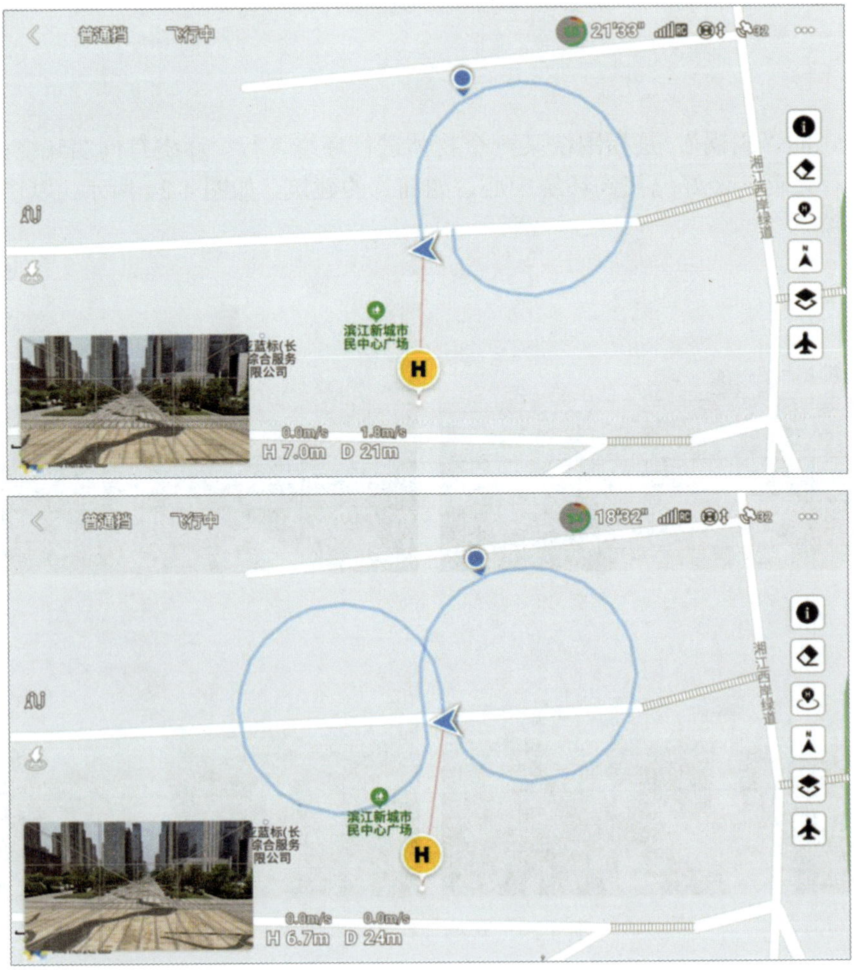

图 4-25　8 字飞行轨迹

具体拍摄方法如下。

Step 01 根据环绕飞行的飞行动作，将右摇杆向右推动，同时左手向左推动左摇杆，让无人机逆时针飞一圈。

Step 02 逆时针飞行完成后，立刻原地 180° 旋转，转换机头方向。

Step 03 通过向右控制左摇杆，向左控制右摇杆，以顺时针的方向，再飞一个圈，这样就能飞出 8 字的轨迹来。如果操作不够熟悉，轨迹不够清晰，可以多飞行几遍。

4.3.4　俯仰镜头

俯仰镜头是指镜头的向上或向下运动。俯仰镜头很少单独使用，一般会结合其他的镜头组合拍摄。一般情况下，运用得最多的就是镜头向上运动，无人机镜头先低角度俯视，然后会慢慢再抬起来，展示所要表达的环境。

拍摄方法：镜头先俯视拍摄，左手食指再向右慢慢地拨动云台俯仰拨轮，即可实现相机镜头抬头的效果，展示通往火车站的道路夜景风光，如图 4-26 所示。

图 4-26　俯仰镜头

本章小结

本章主要介绍了航拍的基本动作。首先介绍了起飞与降落的操作，包括自动起飞、自动降落、手动起飞、手动降落、手持起飞、手持降落以及智能返航等内容；其次介绍了航拍的入门动作，包括向上飞行、向下飞行、向左飞行、向右飞行、向前飞行、后退飞行及俯视悬停等内容；最后介绍了航拍的进阶动作，包括旋转飞行、环绕飞行、8 字飞行以及俯仰镜头等。通过本章的学习，读者可以熟练掌握航拍的基本动作，以及各种基本飞行姿势。

课后习题

课后习题 1

鉴于本章知识的重要性，为了让读者能够更好地掌握所学知识，将通过课后习题进行简单的知识回顾和补充。

1．使用无人机进行自动起飞与自动降落操作，如图 4-27 所示。

图 4-27　自动起飞与自动降落

2．使用无人机进行向上与向下飞行操作，如图 4-28 所示。

课后习题 2

图 4-28　向上与向下飞行

第 5 章
航拍构图技巧

航拍需要提前做好准备，才能拍摄出理想的画面。在拍摄之前，需要用户构思画面的构图，带着目的进行拍摄。俗话说，一段视频画面，三分靠拍摄，七分靠处理，但如果没有好的底片，再厉害的后期技术也处理不出来。在拍摄的过程中，构图是尤为重要的，直接影响着画面的表现力。同样的主体，不同拍摄角度，都可以让画面产生不同的感觉。本章主要介绍航拍构图的要点和技巧。

本章重点

- 掌握构图的要点
- 熟知构图的技巧

思政目标

- 引导读者学习航拍运镜构图的要点和技巧，强调航拍人员应注重航拍作品的艺术性与表现力，培养审美情趣和创新思维
- 鼓励航拍人员传递积极的图像信息和美好的风光画面，促进科技与艺术的融合，为社会传递正能量

5.1 构图要点

无人机的电池电量是有限的，而航拍环境是复杂的，天气也是多变的，如何用无人机安全地在空中拍摄出理想的画面，有什么构图要点呢？本节将主要介绍相应的内容和技巧。

5.1.1 选天气

如果天气不好，会影响视频画面的画质，尤其是雾霾天，图像质量会大打折扣。在一些极端天气中，比如大风、雷雨、暴雪等极端天气，也是不适合飞行无人机的。用户可以选择在晴朗的天气飞行无人机，以便拍摄出景物的最佳状态。

在选择拍摄时间时，可以尽量选择在日出或者日落拍摄，这时候的光线会比较柔和。黎明时刻和黄昏时分是航拍云霞的最好时分，在这个时段，云彩会有绚烂的色彩，画面极具冲击力，如图 5-1 所示。

图 5-1　云彩会有绚烂的色彩

5.1.2 色彩感

色彩对视线有一定的引导作用，也会影响构图。色彩还能影响情绪和起着营造氛围的作用。像服装穿搭一样，色彩过多、过于鲜艳看起来会让画面显得很乱，而有层次、有呼应的色彩则能得到更好的效果。因此，在航拍视频的时候，也不能忽略色彩的作用。

在航拍的时候，要注意画面的色彩，学会用色彩来表达内容，传递情绪，让画面得到美的视觉感受。使用对比色，可以利用色彩之间的对比，进行表达。图 5-2 为使用对比色方法航拍的画面，橙色的陆地和青色的湖水，相互映衬。

不同的颜色会传递出不同的情绪。比如，绿色系，可以让人感受到生机和活力，如图 5-3 所示；蓝色系，可以传递冷静、安详、平和等情绪，如图 5-4 所示。

图 5-2　拍摄对比色画面

图 5-3　绿色系画面

图 5-4　蓝色系画面

5.1.3　清晰度

无人机在空中可以拍摄到的物体很多。对于单个突出的主体，比如建筑、湖泊或者树木，通过中心构图，可以让画面有视角焦点和中心。但对于没有集中对象的环境，如何让画面有焦点呢？

这时就可以通过拍摄清晰的图案，来表现主体。图案是具有一定的排列规律的，可以是几何形状的图案，也可以是单个主体进行重复、排列的图案。图 5-5 为航拍东江湖高椅岭的画面，河流、红色砂岩和灌木植被相互排布，形成不规律的图案。

图 5-5　航拍东江湖高椅岭的画面

对齐排列会以同样的方式让画面看起来和谐，相反排列也能让画面更有趣。例如，图 5-6 为交叉排列和圆形排列混合的图案画面，造型变得有趣起来了。

图 5-6 交叉排列和圆形排列混合的图案画面

5.1.4 线条感

线条感强的主体可以引导视线，这样还能更加突出主体。引导线是有效吸引和引导视线的一组或多组线条。画面中的引导线可以让画面焦点进行汇聚，从而突出主体。引导线还有一个作用就是可以增强画面的纵深感、透视感。除此之外，引导线还可以强化画面的视觉感受。

在航拍时，如何拍摄出线条感？一是尽量拍摄具有线条感的主体，如道路、水流、建筑等物体；二是使用广角镜头，这样更能增强画面的透视感。图 5-7 为拍摄具有纵深感的画面，一条条的道路和河流引导着观众的视线。

图 5-7 拍摄具有纵深感的道路画面

图 5-8 为拍摄具有线条感的桥梁建筑画面，非常具有代入感。除了直线，曲线也可以引导观众的视线，如图 5-9 所示，直线道路旁边的曲线圆盘道路，起着点睛的作用。

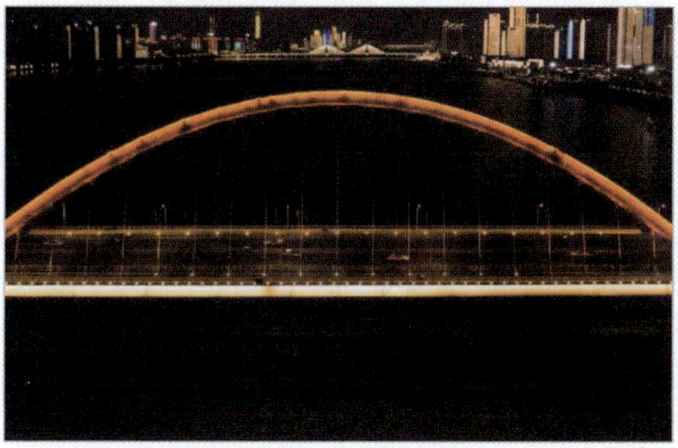

图 5-8　拍摄具有线条感的桥梁建筑画面

图 5-9　直线道路旁边的曲线圆盘道路画面

5.1.5　画面主题

航拍不仅仅局限于拍摄风景风光，还可以用来拍摄人文主题的内容。关于人文摄影，关键词在于人类的生活和记录。

人文主题的航拍内容，在短视频时代是比较容易出热点，因为观众喜欢观看纪实类的视频内容。

在航拍时，该拍摄什么人文主题内容？如何拍摄呢？

在航拍时，可以利用色彩，用人与环境的色彩对比，拍摄出人与环境的关系，如图 5-10 所示。红色服装的人在图像中起着点睛之笔的作用，画面不再是只有风光，整体就不会那么单调，更有高级感。在航拍单个主体的时候，需要放低无人机的高度，或者使用长焦镜头进行拍摄。

无人机在空中航拍的角度比较高的话，那么单个的人可能就会变成单个的点，这个时候去拍摄人群，也可以得到不一样的效果，如图 5-11 所示。这种纪实类的城市街拍画面，会让观众觉得更有亲切感。

图 5-10　拍摄出人与环境的关系

图 5-11　拍摄人群

▶ 专家指点

除此之外，关于人文主题的题材内容，还有演唱会、乡村风光、劳动场景、工厂、建筑工地、码头、集会活动、风车、轮船、沙滩等内容。拍摄人文主题的内容，还要讲究真实，表现出重点内容，这样才能让观众有代入感。

5.1.6 借用前景

前景是位于主体与镜头之间的人或物。利用前景进行拍摄，可以起着烘托主体、装饰环境和平衡构图的作用，从而增强画面的空间深度。图 5-12 为航拍以树木为前景的公园风光画面，可以看到前景、中景和背景清晰，画面具有层次感。

图 5-12 以树木为前景的公园风光画面

由于无人机航拍的高度比较高，像树木这种前景，可能不太好找，用户也可以利用建筑物为前景，拍摄风光画面，如图 5-13 所示。

图 5-13 利用建筑物为前景，拍摄风光画面

5.1.7 注意光影

光影是由太阳光线决定的，没有光线，就没有光影。当光照射在地面上、主体上时，可以运用顺光、逆光、侧光等方式拍摄，让画面具有层次感。图 5-14 为使用逆光方式拍摄的画面，这时的光影效果最强，明暗关系一目了然。

图 5-14　使用逆光方式拍摄的画面

当太阳光透过云层的时候，就会出现“丁达尔效应”，这时的光线非常清晰，画面更具冲击力，如图 5-15 所示。

图 5-15　出现“丁达尔效应”的画面

5.1.8　制定计划

无人机电池电量有限，美景也是转瞬即逝。在拍摄之前，用户可以学会制作拍摄计划，让拍摄地点和运镜方式列举好，如表 5-1 所示，这样就能拍出自己想要的视频画面。

表 5-1　拍摄计划

时间	地点	设备	运镜方式	时长	备注
12 月 1 号上午	地点 1	Mavic 3 Pro	前飞运镜	20 秒	
12 月 2 号上午	地点 2	Mavic 3 Pro	后退运镜	20 秒	
12 月 2 号上午	地点 3	Mavic 3 Pro	上升运镜	20 秒	
12 月 3 号下午	地点 4	Mavic 3 Pro	下降运镜	20 秒	
12 月 3 号下午	地点 5	Mavic 3 Pro	环绕运镜	50 秒	

表 5-1 的拍摄计划只是做一个参考，实际情况还要根据拍摄者自身的情况，进行调整。每个人的情况都不同，在制作拍摄计划的时候，还需要考虑“B 计划”，比如，天气不好，就需要

更改日期；地点不适合，或者区域禁飞，就需要更换地点。可能还有其他的突发事件，只有准备充足，方能轻装上阵，快速拍摄。

如果有额外的人员加入，比如模特或者拍摄伙伴，也需要提前沟通和配合好，这样才能事半功倍。因为在飞行无人机的时候，需要专注飞行和拍摄，没有时间浪费在沟通上。

5.2 构图技巧

一段精彩的航拍视频离不开好的构图。在对焦和曝光都正确的情况下，进行构图之后，会让作品脱颖而出，并吸引观众的眼球，与之产生共鸣。本节将介绍 10 个航拍运镜的构图技巧。

5.2.1 中心式

在航拍的时候，如果拍摄的主体面积较大，或者极具视觉冲击力，此时可以把拍摄主体放在画面最中心的位置，采用中心式构图进行拍摄。

图 5-16 为采用中心式构图方式航拍的石碑画面。将拍摄主体置于画面最中间的位置，可以聚焦观众的视线，重点传达所要表现的对象。

图 5-16　采用中心式构图方式航拍的石碑画面

5.2.2 水平线

水平线构图给人的感觉就是辽阔、平静。水平线构图法是以一条水平线来进行构图，这种构图需要前期多看、多琢磨，寻找一个好的拍摄地点进行拍摄。对于比较有经验的摄影师，可以很轻松地航拍出理想的风光照片或视频。这种构图法也比较适合用来拍摄风光大片。

水平线构图可以很好地表现出物体的对称性。一般情况下，摄影师在拍摄海景的时候，最常采用的构图手法就是水平线构图，如图 5-17 所示，以地平线为水平线，天空与地景各占画面二分之一。

图 5-17 水平线构图画面

5.2.3 三分线

三分线构图，顾名思义就是将画面从横向或纵向分为三个部分，这是一种非常经典的构图方法，是大师级摄影师偏爱的一种构图方式。将画面一分为三，比较符合人的视觉习惯，而且画面不会显得很单调。常用的三分线构图法有两种：一种是横向三分线构图，另一种是纵向三分线构图。图 5-18 为使用横向三分线构图方法航拍的画面。

图 5-18 使用横向三分线构图方法航拍的画面

图 5-18　使用横向三分线构图方法航拍的画面（续）

从图 5-18 可以看到，这是一张用横向三分线构图方法拍摄的视频画面。如果将三分线再细分一下，这是用上三分线构图方法拍摄的，天空占据了画面的三分之一左右，而地景占据了画面的三分之一左右。

纵向三分线构图的航拍手法是指将主体或辅体放在画面左侧或右侧三分之一的位置。在拍摄纵向三分线构图画面的时候，要注意留白的区域。如果主体的引导视线在左边，那么就把主体放在右三分线上；反之亦然。在图 5-19 所示的画面中，将建筑地标放在了左三分线上，右侧区域进行了留白，整体画面让人觉得非常舒适。

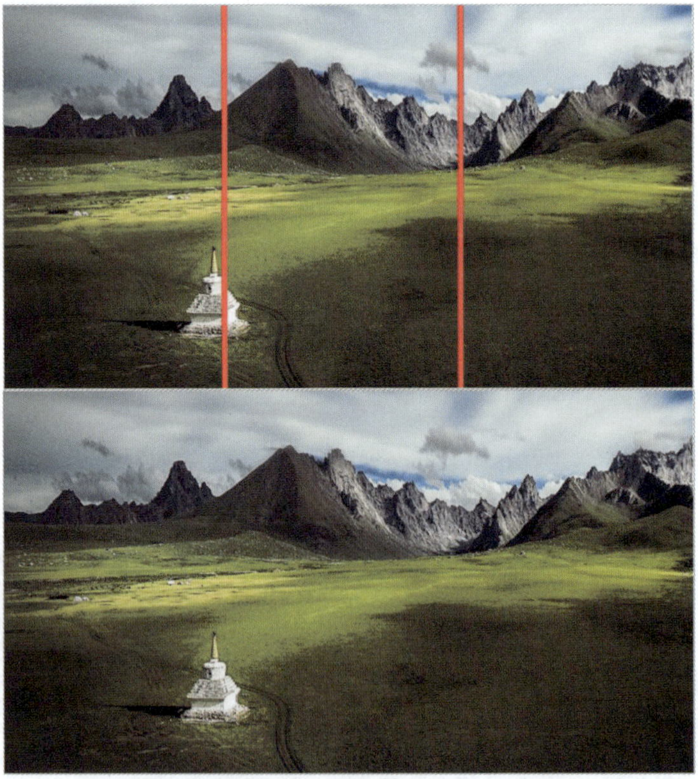

图 5-19　使用纵向三分线构图方法航拍的画面

5.2.4 九宫格

九宫格构图又叫井字形构图，是指用横竖各两条直线将画面等分为 9 个空间，不仅可以让画面更加符合人们的视觉习惯，还能突出主体、均衡画面。

图 5-20 为九宫格构图示例，画面中的人物处于右上角的交叉点上。使用九宫格构图拍摄视频，不仅可以将主体放在 4 个交叉点上，还可以将其放在 9 个空间格内，从而使主体成为画面的视觉中心。

图 5-20 九宫格构图示例

九宫格构图是横向和纵向三分线相结合的构图方法。九宫格构图可以说是一种万能的构图形式，适用于人像，风光、建筑、纪实等焦点突出的作品中。

5.2.5 对称式

对称式构图是指画面中心有一条线把画面分为对称的两份，可以是画面上下对称，也可以是画面左右对称，或者是画面的斜向对称，这种对称画面会给人一种平衡、稳定、和谐的视觉感受。图 5-21 为左右对称式构图示例，也是使用了三角形构图，从栈道交点位置左右对称，让观众感受到对称美。

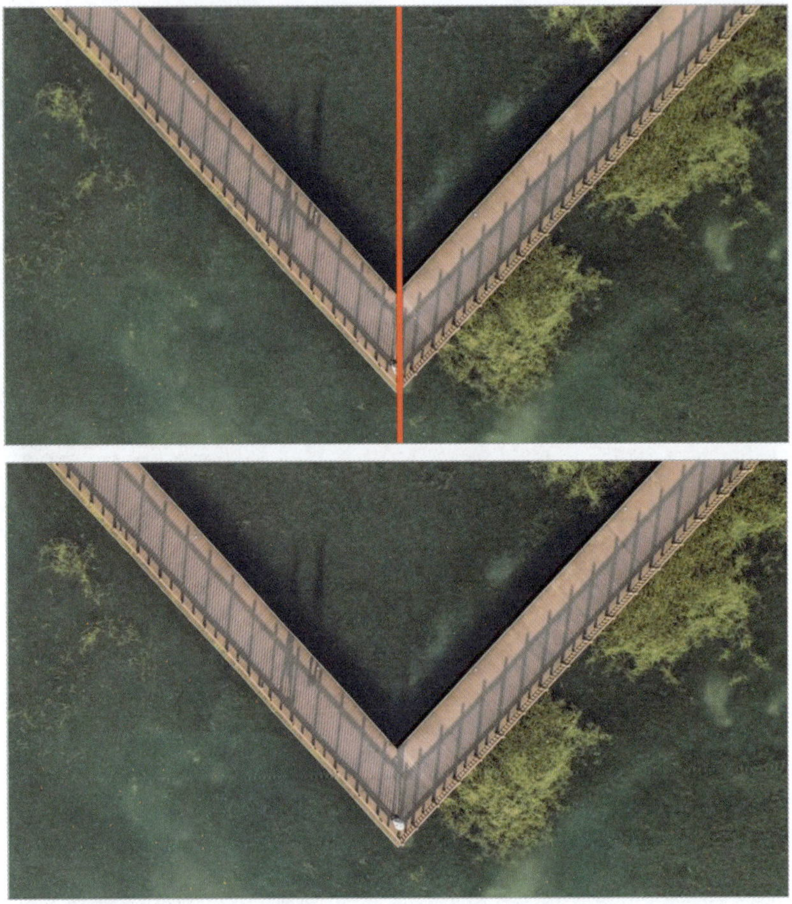

图 5-21　左右对称式构图示例

图 5-22 为上下左右对称式构图示例，两条道路刚好水平垂直相交，形成了上下左右对称构图，让视频画面的布局更为均衡。

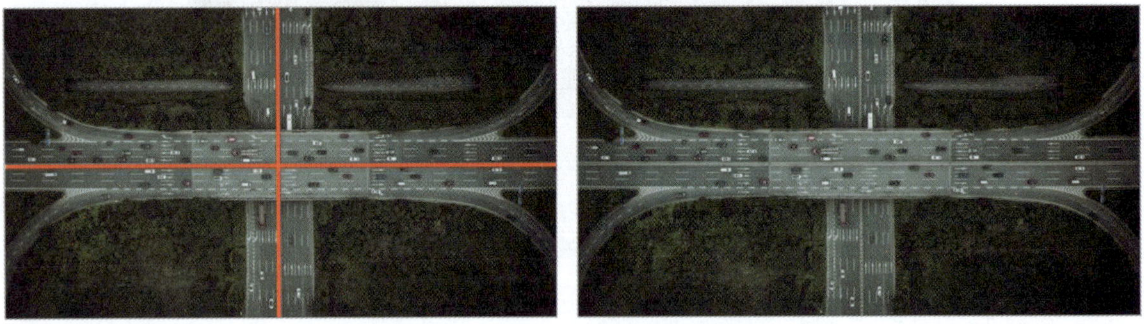

图 5-22　上下左右对称式构图示例

5.2.6　斜线式

斜线式构图是在静止的横线上出现的，具有一种静谧的感觉，斜线的延伸感还可以加强画面的深远透视效果。同时，斜线式构图的不稳定性使画面富有新意，给人一种独特的视觉效果。

利用斜线式构图可以使画面产生三维的空间效果，增强画面立体感，使画面充满动感与活力，且富有韵律感和节奏感。斜线式构图是非常基本的构图方式，在拍摄轨道、山脉、植物、沿海等风光时，就可以采用斜线构图的航拍手法。

图 5-23 为使用斜线式构图航拍的桥梁画面，把桥梁以斜线构图的方式拍摄，让画面摆脱平庸感，并且具有很强的视线导向性和纵深感。在航拍摄影中，斜线构图是一种使用频率颇高，而且也颇为实用的构图方法。

图 5-23 使用斜线式构图航拍的公路画面

还有一种是交叉斜线式构图，在航拍立交桥的时候经常会用到这种构图方式。图 5-24 为航拍立交桥的画面，交叉双斜线式构图，使画面更具有延伸感，同时也具有对称几何美感。

图 5-24　航拍立交桥的交叉双斜线画面

5.2.7　向心式

向心式构图就是四周物体朝中心集中，所有线条都向画面中心汇聚，这种构图方式可以将人的视线强烈引向主体中心，起到聚集的作用。

在拍摄这种构图方式的画面时，需要无人机相机垂直 90° 朝下进行俯拍。图 5-25 为使用向心式构图方法拍摄的小行星视频画面，焦点集中在圆圈图案的圆心上。

图 5-25　使用向心式构图方法拍摄的画面

5.2.8　曲线式

曲线式构图是指摄影师抓住拍摄对象的特殊形态特点，在拍摄时采用特殊的拍摄角度和手法，将物体以类似曲线般的造型呈现画面中。曲线式构图的表现手法常用于拍摄风光、道路及江河湖泊的题材。

C 型曲线和 S 型曲线是运用比较多的。C 形构图是一种曲线型构图手法，拍摄对象类似于 C 形，可以体现出被摄对象的柔美感、流畅感、流动感，常用来航拍弯曲的河流、建筑、马路、岛屿以及沿海风光等大片，如图 5-26 所示。

S 形构图是 C 形构图的强化版，主要用来表现富有 S 形曲线美的景物，如自然界中的河流、小溪、山路、小径、深夜马路上蜿蜒的路灯或车队等，会有一种悠远感或延伸感。图 5-27 为航拍的道路画面，弯弯曲曲呈 S 形曲线，非常夺人眼球。

图 5-26　C 形构图画面

图 5-27　S 形构图画面

5.2.9　多点式

点是所有画面的基础。在摄影中，它可以是画面中真实的一个点，也可以是一个面，画面中很小的对象都可以称之为点。在图像中，点所在的位置会直接影响到画面的视觉效果，并带来不同的心理感受。如果无人机飞得很高，俯拍地面景色时，就会出现很多的点对象，这种方式就可以称为多点式构图。

在拍摄多个主体时，就可以用到这种构图方式，这种构图方式航拍的画面可以体现多个主体，还能完整记录所有的主体。

图 5-28 为在荷花田上空航拍的画面，荷花荷叶都变成了一个一个的小点，粉色的荷花点缀着绿色的荷花田，画面丰富多彩，饶有趣味。

图 5-28　多点式构图画面

5.2.10　对比式

对比式构图的含义很简单，就是通过不同形式的对比来强化画面的构图，产生不一样的视觉效果。对比式构图的意义有两点：一是通过对比产生区别，来强化主体；二是通过对比来衬托主体，起辅助作用。

想在拍摄中获得对比式构图的效果，用户就要找到与拍摄主体差异明显的对象来进行构图，这里的差异包含很多方面，例如在大小、远近、方向、动静和明暗等方面的差异。下面介绍大小对比、明暗对比和颜色对比 3 种简单、常用的构图方法。

1．大小对比

大小对比构图通常是指在同一画面里利用大小两种对象，以小衬大或以大衬小，来让主体变得突出。图 5-29 为大小对比构图示例，用汽车的小来衬托出草地的广阔。

2．明暗对比

明暗对比构图，顾名思义，就是通过明与暗的对比来构图取景和布局画面，从影调角度让画面具有不一样的美感。明暗对比构图有 3 层境界：以暗衬明，通过暗部来体现亮部；以明衬暗，通过亮部来衬托暗部；互相呼应，有暗衬明，也有明衬暗。

图 5-30 为明暗对比构图示例，逆光拍摄的天边是亮的，地面则是暗的，以此来传递出画面的立体感、层次感和轻重感等特色。

图 5-29　大小对比式构图示例

图 5-30　明暗对比构图示例

3．颜色对比

颜色对比构图就是利用对比色来突出主体。在拍摄风光时，可以将利用自然光、人造光等建立冷暖对比关系，让画面层次变丰富。比如，在傍晚的蓝色时刻，天空是蓝色的，而夕阳云霞和灯光则是橙红色，从而形成冷暖色对比，如图 5-31 所示。

图 5-31　颜色对比构图示例

本章小结

本章主要介绍了 8 个航拍运镜构图要点和 10 个航拍运镜构图技巧。首先介绍了构图要点，主要包括保证选择合适的天气、注意画面的色彩、拍摄清晰的图案、拍摄出线条感、拍摄人文主题的内容、借用前景进行拍摄、注意光影与光线、制作拍摄计划；其次介绍了沟通技巧，主要包括中心式构图、水平线式构图、三分线构图、九宫格构图、对称式构图、斜线式构图、向心式构图、曲线式构图、多点式构图和对比式构图等构图方式。通过本章的学习，读者能够掌握构图的要点和技巧，提升航拍视频的表现力。

课后习题

鉴于本章知识的重要性，为了让读者能够更好地掌握所学知识，将通过课后习题进行简单的知识回顾和补充。

1．使用水平线构图手法拍摄出一幅类似于如图 5-32 所示的作品。

图 5-32　水平线构图

2．使用斜线式构图手法拍摄出一幅类似于如图 5-33 所示的作品。

图 5-33　斜线式构图

第 6 章 航拍照片与视频

6

学习好航拍画面的构图技巧后，接下来需要学习如何航拍照片与视频作品。本章主要介绍 5 种拍照模式、4 种录像模式及两种大师镜头，让读者对航拍的模式有所了解，快速拍出满意的照片和视频作品。

本章重点

- 掌握拍照的模式
- 掌握录像的模式
- 掌握大师镜头

思政目标

- 引导读者学习航拍照片与视频的技巧，强调航拍人员在创作过程中应保持创新精神和审美意识
- 通过学习多种照片模式与录像模式，要运用这些模式拍摄出更具艺术感和美感的作品，注重作品的艺术表现力与品质

6.1　拍照模式

在大疆 Mavic 3 Pro 中，无人机共有 5 种拍照模式，这些模式在不同的场景中有不同的作用。本节将介绍无人机的单拍、探索、AEB 连拍、连拍和定时模式，帮助读者打好基础，掌握航拍大片的拍摄技巧。

6.1.1　单拍

单拍就是指拍摄单张照片，也是最基础的拍照模式。下面介绍具体的拍摄方法。

单拍

Step 01 在 DJI Fly App 的相机界面中，点击拍摄模式按钮，在弹出的面板中，❶选择“拍照”选项；❷默认选择“单拍”拍摄模式；❸点击拍摄按钮，如图 6-1 所示。

图 6-1　点击拍摄按钮

Step 02 执行操作后，即可拍摄单张照片，效果如图 6-2 所示。

图 6-2　单张照片效果

> ▶ 专家指点
>
> 在拍摄照片的时候，可以用手指在屏幕中点击主体，进行对焦处理，再点击拍摄按钮，这样拍摄出来的照片可以更清晰一些。

6.1.2　探索

探索

在探索模式下，相机镜头最大可以实现 28 倍混合变焦，满足一些用户的创作探索需求。下面介绍具体的拍摄方法。

Step 01 在 DJI Fly App 的相机界面中，点击拍摄模式按钮，在弹出的面板中，❶选择“拍照”选项；❷选择“探索”模式，如图 6-3 所示。

图 6-3　选择“探索”模式

Step 02 用双指在屏幕中放大，实现 5.8x 变焦效果，并调整俯仰镜头，点击拍摄按钮，如图 6-4 所示，拍摄照片。

图 6-4　点击拍摄按钮

▶ 专家指点

1x、3 x 和 7 x 属于光学变焦，画质最好，其他均属于电子变焦，画质会有所降低。

Step 03 即可拍摄一张长焦照片，实现远距离拍摄近景的效果，如图 6-5 所示。

图 6-5　拍摄一张长焦照片

6.1.3　AEB 连拍

AEB 连拍

AEB 连拍是指包围曝光，有 3 张和 5 张的选项，相机以 0.7 的增减连续拍摄多张照片，适用于拍摄静止的大光比场景。下面介绍具体的拍摄方法。

Step 01 在 DJI Fly App 的相机界面中，点击拍摄模式按钮，在弹出的面板中，❶选择“拍照”选项；❷选择“AEB 连拍”模式；❸默认选择 3 选项；❹点击拍摄按钮，如图 6-6 所示，无人机即可拍摄 3 张照片。

图 6-6　点击拍摄按钮

Step 02 在 Photoshop 中通过堆栈的形式，将 3 张 AEB 连拍图片进行叠加，再进行调色之后，效果如图 6-7 所示。

图 6-7　照片效果

6.1.4　连拍

连拍

在连拍模式下，无人机会连续拍摄多张照片，可以选择连续拍摄 3 张、5 张和 7 张照片。下面介绍具体的拍摄方法。

Step 01 在 DJI Fly App 的相机界面中，点击拍摄模式按钮，❶在弹出的面板中选择“拍照”选项；❷选择“连拍”模式；❸选择 7 选项；❹点击拍摄按钮，如图 6-8 所示，拍摄照片。

图 6-8　点击拍摄按钮

Step 02 无人机即可一次性拍摄 7 张照片，如图 6-9 所示。

图 6-9　无人机即可一次性拍摄 7 张照片

> ▶ 专家指点
>
> 使用连拍模式可以用来抓拍高速运动的物体，如抓拍运动员或者鸟类。拍摄完成之后，再从多张照片中选择合适的照片进行后期处理即可。连拍的时候图面可能会卡住，只需等候片刻即可。在拍摄夜景的时候，可以进行连拍，这样能提升拍摄出清晰图片的概率。

6.1.5　定时

定时

定时模式是指无人机以所选的间隔时间连续拍摄多张照片，有多个不同的时间可供选择。下面介绍具体的操作方法。

Step 01 在拍摄模式面板中，❶选择“拍照”选项；❷选择“定时”模式；❸选择 3 s 选项；❹点击拍摄按钮，如图 6-10 所示，拍摄照片。

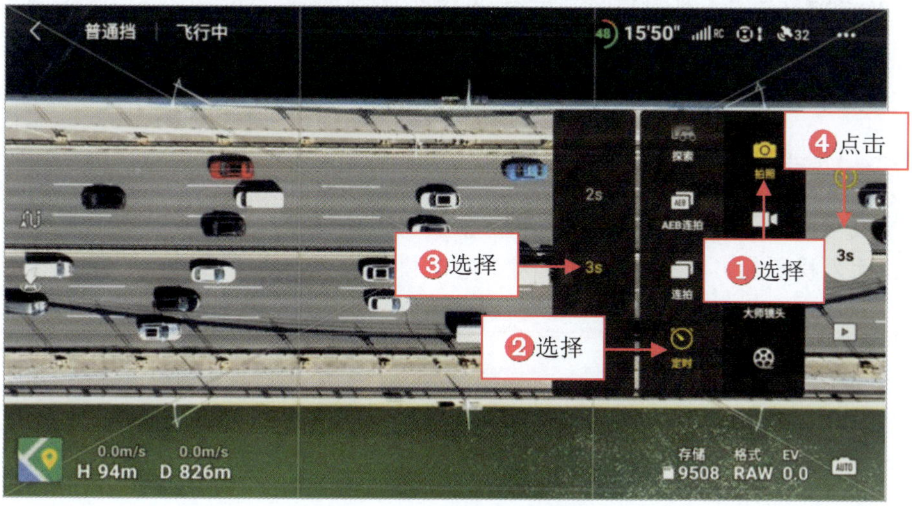

图 6-10　拍摄模式面板

Step 02 无人机即可每隔 3 s 时间就拍摄一张照片，效果如图 6-11 所示，直到再次按下拍摄按钮，就可以停止定时拍摄。

图 6-11　无人机即可每隔 3 s 时间就拍摄一张照片

▶ 专家指点

定时模式与航点飞行模式相配合，可以拍摄轨迹延时视频，不过需要后期用照片手动合成视频，无人机不能自动合成延时视频。定时模式还可以用来自拍，记录人物的动态表情和姿势。

6.2 录像模式

在大疆 Mavic 3 Pro 中，无人机共有 4 种视频拍摄模式，分别为普通、夜景、探索和慢动作模式。学会这些视频拍摄模式的用法，可以为视频创作打好基础，以及提供更多的创意玩法。本节将介绍相应的录像模式。

6.2.1　普通

普通

普通模式是比较基础的视频录像模式，用户只需点击拍摄按钮，就可拍摄视频。下面介绍具体的拍摄方法。

Step 01 在 DJI Fly App 的相机界面中，点击拍摄模式按钮，如图 6-12 所示。

图 6-12　点击拍摄模式按钮

Step 02 在弹出的面板中，❶选择“录像”选项；❷默认选择“普通”拍摄模式；❸点击拍摄按钮，效果如图 6-13 所示。

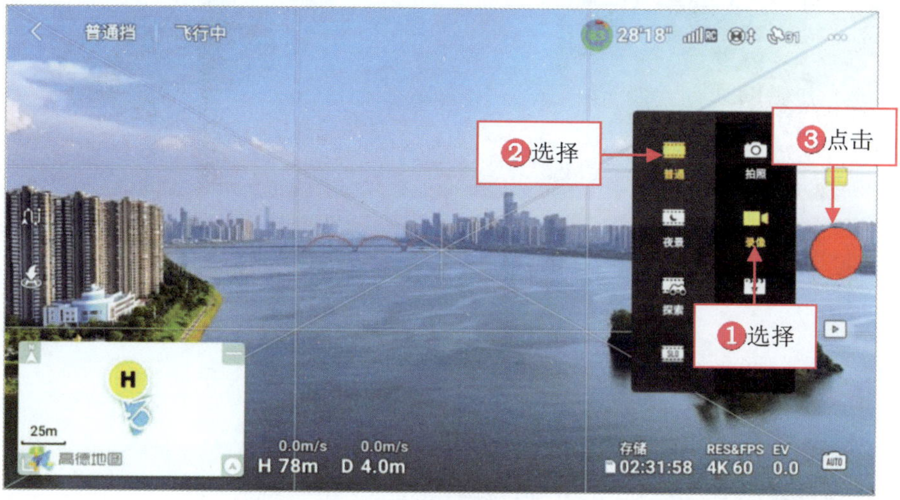

图 6-13　点击拍摄按钮（1）

Step 03 向上推动左摇杆，让无人机慢慢上升飞行，视频拍摄完成之后，点击拍摄按钮，如图 6-14 所示，停止拍摄视频。

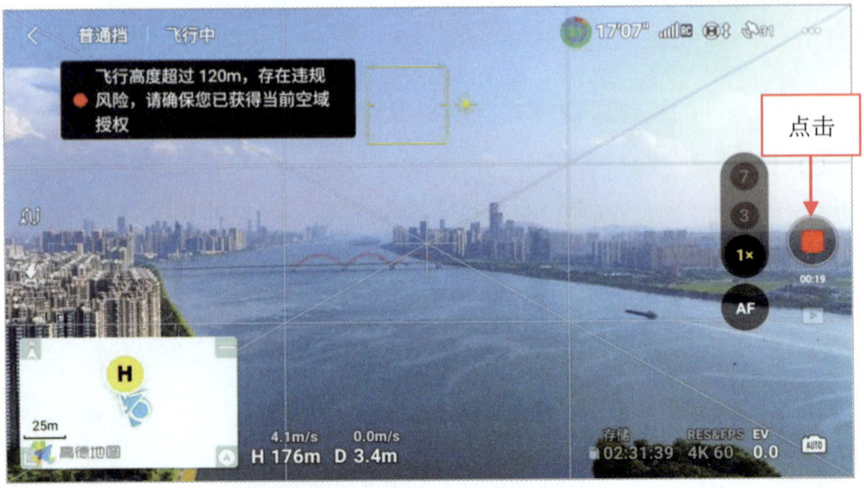

图 6-14　点击拍摄按钮（2）

Step 04 用普通模式拍摄的视频效果如图 6-15 所示，这是一段上升镜头。

图 6-15　用普通模式拍摄的视频效果

6.2.2 夜景

大疆 Mavic 3 Pro 无人机在录像状态下有夜景模式，无人机全程自动降噪，实现纯净夜拍，比普通录像模式拍摄的夜景效果要好。下面介绍具体的拍摄方法。

Step 01 在 DJI Fly App 的相机界面中，点击拍摄模式按钮，在弹出的面板中，❶选择“录像”选项；❷选择“夜景”模式；❸点击拍摄按钮，如图 6-16 所示。

图 6-16 DJI Fly App 的相机界面

▶专家指点

在“夜景”模式下，无人机的避障系统是失效的，所以一定要谨慎飞行，避免炸机。

Step 02 向下推动左侧的摇杆，让无人机慢慢下降飞行，再次点击拍摄按钮，如图 6-17 所示，停止拍摄。

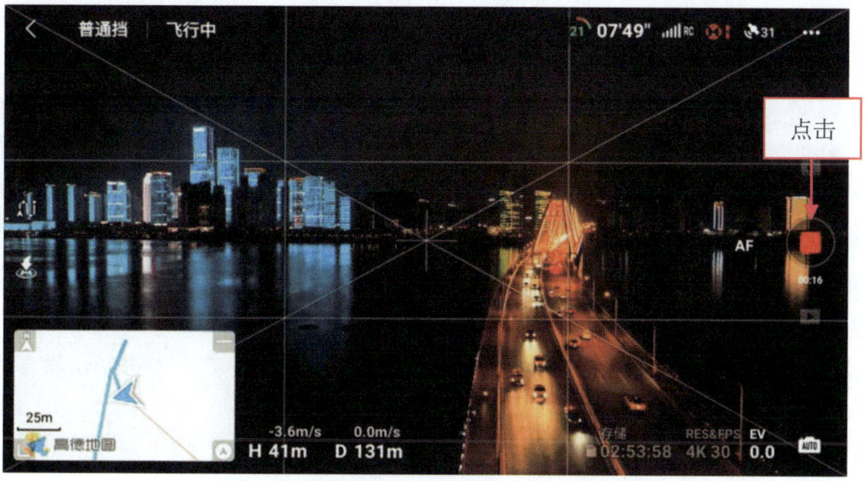

图 6-17 点击拍摄按钮

Step 03 执行操作后，即可拍摄出一段夜景视频，效果如图 6-18 所示。

图 6-18　拍摄一段夜景视频

6.2.3　探索

在“录像”拍摄模式下也有探索模式，用户可以放大焦段，拍摄长焦视频。下面介绍具体的拍摄方法。

探索

Step 01 在 DJI Fly App 的相机界面中，点击拍摄模式按钮，在弹出的面板中，❶选择“录像”选项；❷选择“探索”模式，如图 6-19 所示。

Step 02 用双指在屏幕中放大，实现 3.9x 变焦效果，调整镜头的角度，点击拍摄按钮，如图 6-20 所示，拍摄视频。

Step 03 将云台俯仰拨轮慢慢地向右拨动，抬升镜头，视频效果如图 6-21 所示。

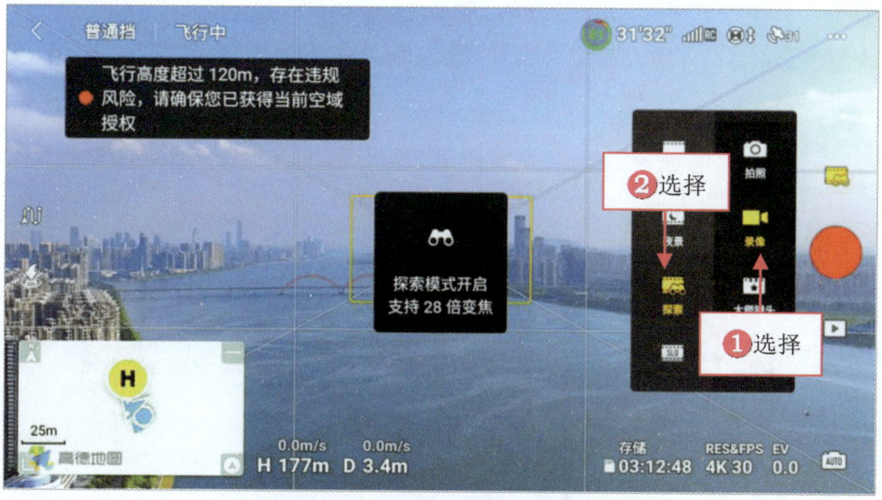

图 6-19　选择“探索”模式

图 6-20　点击拍摄按钮

图 6-21　视频效果

图 6-21　视频效果（续）

6.2.4　慢动作

在慢动作模式下，无人机拍摄 1 s 的视频，后期会慢速播放，自动生成 5 s 的成品视频。用慢动作模式拍摄视频，画面会更有电影感。下面介绍具体的拍摄方法。

慢动作

Step 01 在 DJI Fly App 的相机界面中，点击拍摄模式按钮，在弹出的面板中，❶选择“录像”选项；❷选择“慢动作”模式，如图 6-22 所示。

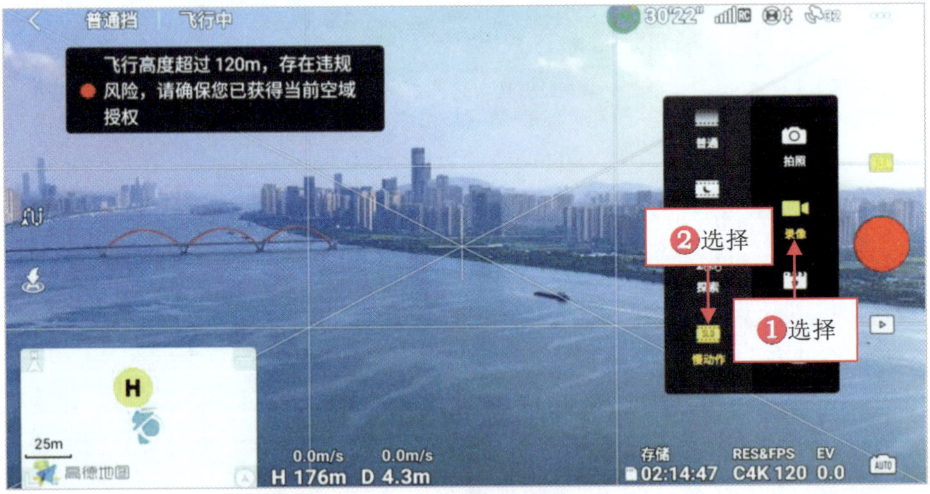

图 6-22　选择“慢动作”模式

> **▶专家指点**
> 慢动作模式比较适合拍摄一些运动、激烈的场景，能够记录和还原动作瞬间。

Step 02 调整无人机相机镜头的拍摄角度，点击拍摄按钮，如图 6-23 所示，拍摄视频。

图 6-23　点击拍摄按钮

Step 03 5 s 之后，再次点击拍摄按钮，停止拍摄，无人机后期会生成一段 25 s 的慢动作视频，效果如图 6-24 所示。

图 6-24　慢动作视频效果

6.3　大师镜头

大师镜头对于新手来说，是非常实用的一个智能拍摄模式。当面对目标物，却不知道如何运镜时，在 DJI Fly App 的相机界面中选择“大师镜头”拍摄模式，就能带来不一样的视角。大师镜头包含了 3 种飞行轨迹、10 段镜头以及 20 种模板，本节将接收这个模式。

6.3.1　近景

在“大师镜头”模式下，无人机会根据拍摄对象，自动规划出飞行轨迹。下面主要介绍如何用大师镜头拍摄近景建筑，并选择合适的模板，让无人机自动剪辑成片。

近景

Step 01 在 DJI Fly App 的相机界面中，点击左侧的拍摄模式按钮，如图 6-25 所示。

图 6-25　点击拍摄模式按钮

Step 02 在弹出的面板中，❶选择“大师镜头”选项；❷点击按钮消除提示，如图 6-26 所示。

图 6-26　点击相应的按钮

Step 03 界面中弹出选择目标的信息提示，如图 6-27 所示。

图 6-27　界面中弹出相应的提示

Step 04 用手指在屏幕中框选目标对象，等方框内的区域变绿，即可成功选择目标，如图 6-28 所示。

图 6-28　成功选择目标

Step 05 点击 Start 按钮，开始拍摄任务，如图 6-29 所示。

图 6-29　点击 Start 按钮

Step 06 弹出“请关注飞行环境安全”提示，提示用户注意无人机的避障安全，如图 6-30 所示。

图 6-30　弹出“请关注飞行环境安全”提示

Step 07 之后弹出“位置调整中...”提示，无人机会自动调整位置，如图 6-31 所示。

图 6-31　弹出“位置调整中···”提示

Step 08 ❶界面中弹出“渐远”提示，表示无人机开始运镜拍摄；❷界面右侧会显示拍摄进度，如图 6-32 所示。

图 6-32　弹出进度提示

Step 09 下面来欣赏拍摄好的大师镜头，部分效果如图 6-33 所示。

渐远

近景环绕

冲天

扣拍前飞

平拍下降

图 6-33　大师镜头画面

Step 10 拍摄完成后，界面中弹出“拍摄任务完成，将自动返回任务起点”提示，如图 6-34 所示，之后无人机飞回起点。

图 6-34　弹出相应的提示

Step 11 在相机界面中点击回放按钮▶，如图 6-35 所示。

图 6-35　点击回放按钮

Step 12 ❶切换至“飞机图库”选项卡；❷选择拍摄好的视频素材，如图 6-36 所示。

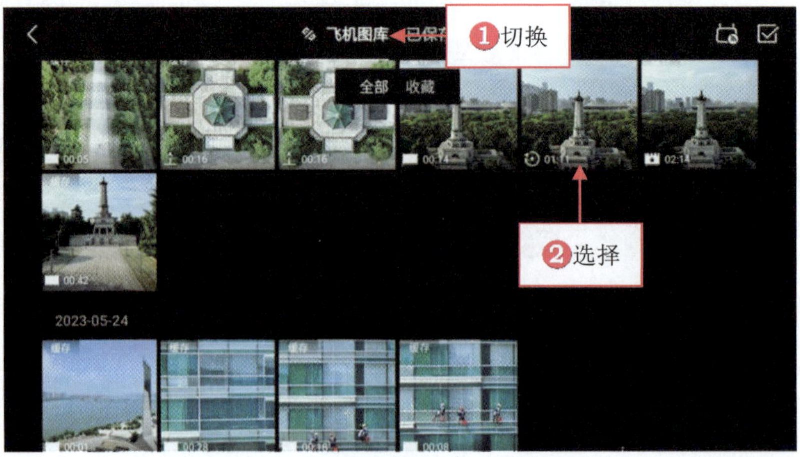

图 6-36　选择拍摄好的视频素材

Step 13 进入相应的界面，点击“生成大师镜头”按钮，如图 6-37 所示。

图 6-37　点击“生成大师镜头”按钮

Step 14 ❶切换至“欢快”选项卡；❷选择“夏日盛会”选项；❸点击右下角的导出按钮，如图 6-38 所示。

图 6-38　点击导出按钮

Step 15 界面中弹出“作品已导出至本地相册”提示，如图 6-39 所示，成功导出视频。

图 6-39　弹出“作品已导出至本地相册”提示

6.3.2 人像

人像

用大师镜头也可以拍摄人像，不过人像的位置最好是不变的，不然无人机的画面构图会有偏移。本节主要介绍如何用大师镜头拍摄人像、套用模板，快速导出视频。

Step 01 在 DJI Fly App 的相机界面中，点击左侧的拍摄模式按钮，在弹出的面板中，❶选择“大师镜头”选项；❷点击人像身上的按钮，如图 6-40 所示。

图 6-40 点击相应的按钮

Step 02 ❶让人像处于绿框内，成功选择目标对象；❷点击 Start 按钮，如图 6-41 所示，无人机开始拍摄。

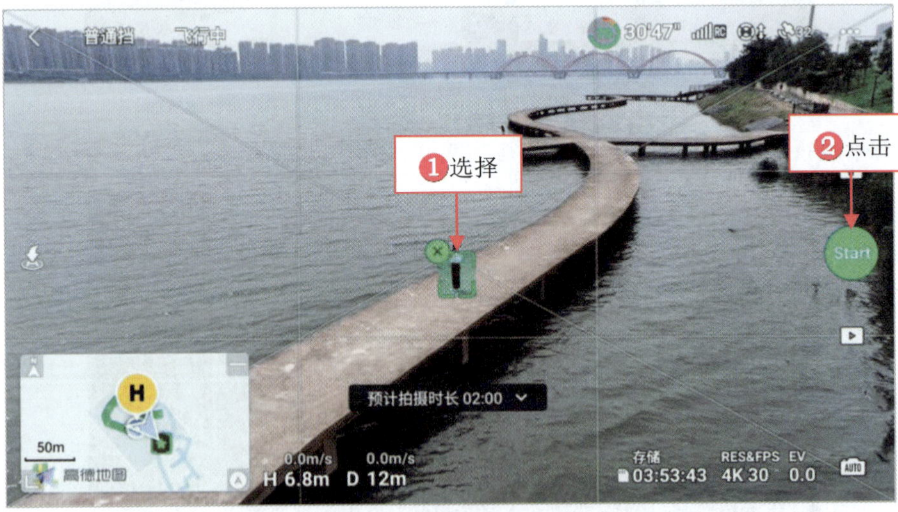

图 6-41 点击 Start 按钮

Step 03 用大师镜头拍摄人像时，无人机还是会拍摄 10 段镜头画面，部分效果如图 6-42 所示。

缩放变焦

近景环绕

渐远

远景环绕

图 6-42　部分大师镜头画面

Step 04 在 DJI Fly App 的相册中选择拍摄好的大师镜头人像视频，进入相应的界面，点击“生成大师镜头”按钮，如图 6-43 所示。

图 6-43　点击“生成大师镜头”按钮

Step 05 ❶切换至“流行”选项卡；❷选择“探索远方”选项；❸点击导出按钮，如图 6-44 所示，即可导出成品视频。

图 6-44　点击导出按钮

> ▶ 专家指点
>
> 在大师镜头包含的 3 种飞行轨迹中，还包括了远景拍法，在镜头上，可能会有一些运镜上的区别。由于飞行拍摄的操作步骤都是一样的，本章就不做详细的介绍了。

本章小结

本章主要介绍了航拍照片与视频的技巧。首先介绍了 5 种拍照模式，如单拍、探索、AEB 连拍、连拍以及定时等；其次介绍了 4 种录像模式，如普通、夜景、探索以及慢动作等；最后介绍了大师镜头的拍摄方法，如近景拍法和人像拍法等。通过本章的学习，读者可以熟练掌握照片与视频的航拍技巧，拍摄出更多精彩的作品。

课后习题

鉴于本章知识的重要性，为了让读者能够更好地掌握所学知识，将通过课后习题进行简单的知识回顾和补充。

课后习题 1

1．使用无人机中的普通录像模式，拍摄出一段类似于如图 6-45 所示的小镇风光作品。

图 6-45　普通录像模式

课后习题 2

2．使用大师镜头拍摄出一段类似于如图 6-46 所示的城市风光作品。

图 6-46　大师镜头

第 7 章 智能模式航拍

7

在大疆官方的 DJI Fly App 中，用户可以选择相应的拍摄模式，让无人机实现智能航拍。在使用这些模式进行航拍时，用户只需选取拍摄目标、观察飞行环境和设定好相应的参数，就能让无人机一键航拍。本章将详细介绍 6 种一键短片模式、4 种延时摄影拍法、5 种长焦玩法及 3 种焦点跟随模式，帮助读者航拍出优秀的风光作品。

本章重点

- 掌握一键短片的航拍模式
- 掌握延时摄影的模式
- 掌握变焦模式
- 熟知焦点跟随模式

思政目标

- 通过学习无人机自带的多种智能模式，引导技术操作者在航拍过程中注重创意和智能技术的结合，同时充分考虑作品的丰富性
- 掌握各种智能模式的航拍技巧时，读者应当思考如何将这些技术运用到实践中，以呈现出更富有创意和艺术性的作品

7.1 一键短片

本节将主要介绍 6 种一键短片航拍模式，如渐远模式、冲天模式、环绕模式等方式，让用户可以一键操作，实现航拍运镜。

7.1.1 渐远模式

渐远模式

一键短片中的渐远模式是指无人机以目标为中心逐渐后退并上升飞行。使用该模式拍摄视频时，需要先选择拍摄目标，无人机才能进行相应的飞行操作。下面介绍具体的操作方法。

Step 01 在 DJI Fly App 的相机界面中，点击右侧的拍摄模式按钮，如图 7-1 所示。

图 7-1 点击拍摄模式按钮

Step 02 ❶在弹出的面板中选择“一键短片”选项；❷默认选择“渐远”拍摄模式，如图 7-2 所示。

图 7-2 选择“渐远”拍摄模式

Step 03 ❶在屏幕中框选对面的桥梁为目标，目标被选择之后，会在绿色的方框内；❷设置“距离”参数为 100 m；❸点击 Start（开始）按钮，如图 7-3 所示。

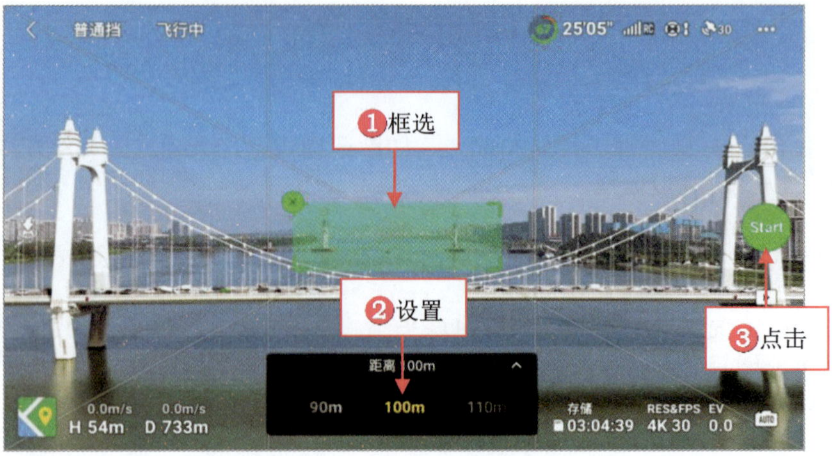

图 7-3　点击 Start（开始）按钮

Step 04 执行操作后，无人机进行后退和拉高飞行，如图 7-4 所示。

图 7-4　无人机进行后退和拉高飞行

Step 05 拍摄任务完成后，无人机将自动返回到起点，如图 7-5 所示。

图 7-5　无人机将会自动返回到起点

Step 06 使用渐远模式航拍的视频效果如图 7-6 所示。

图 7-6 使用渐远模式拍摄的运镜视频效果

▶ 专家指点

点击"距离"右侧的下拉按钮，可以更改飞行距离。点击目标位置上的按钮，也可以选择目标。

7.1.2 冲天模式

使用冲天模式拍摄运镜时，在框选目标对象后，无人机的云台相机将俯视目标对象，然后上升飞行，离目标对象越飞越远。下面介绍具体的操作方法。

冲天模式

Step 01 在拍摄模式面板中，❶选择"一键短片"选项；❷选择"冲天"模式，如图 7-7 所示。

图 7-7 选择"冲天"模式

Step 02 ❶在屏幕中框选小岛为目标；❷点击下拉按钮，如图 7-8 所示。

Step 03 ❶设置"高度"参数为 80 m；❷点击 Start（开始）按钮，如图 7-9 所示，无人机即可进行拉高飞行。

Step 04 拍摄完成后，无人机将自动返回到任务起点，如图 7-10 所示。

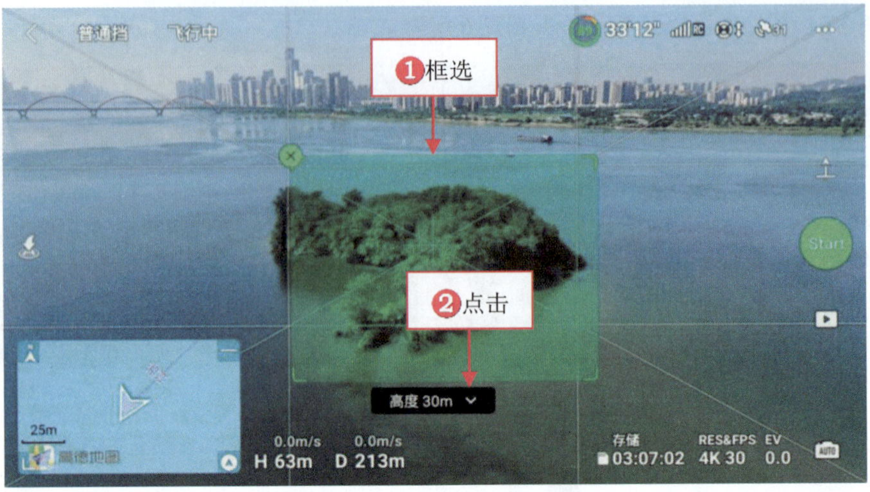

图 7-8　点击下拉按钮

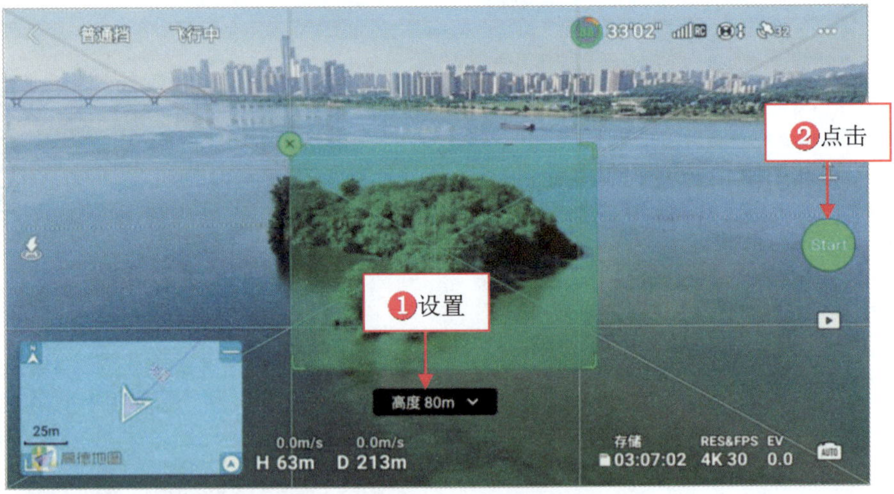

图 7-9　点击 Start（开始）按钮

图 7-10　无人机将会自动飞回起点

Step 05 使用冲天模式拍摄的运镜视频效果如图 7-11 所示。

图 7-11　使用冲天模式拍摄的运镜视频效果

7.1.3　环绕模式

环绕模式运镜是指无人机围绕目标对象，并固定半径，环绕一周飞行。下面介绍具体的操作方法。

环绕模式

Step 01 在拍摄模式面板中，❶选择“一键短片”选项；❷选择“环绕”拍摄模式，如图 7-12 所示。

图 7-12　选择“环绕”拍摄模式

Step 02 ❶在屏幕中框选灯塔为目标，框选目标之后，默认为向右逆时针环绕飞行方式；❷点击 Start（开始）按钮，如图 7-13 所示。

Step 03 无人机开始围绕灯塔进行环绕飞行，如图 7-14 所示，当无人机环绕飞行 360° 之后，会回到起点。

> ▶ **专家指点**
>
> 在使用环绕模式拍摄一键短片时，需要选择合适的环绕对象，最好是固定位置不动的对象。在无人机进行环绕飞行时，用户还需要观察周围的环境，谨防炸机。

Step 04 使用环绕模式拍摄的运镜视频效果如图 7-15 所示。

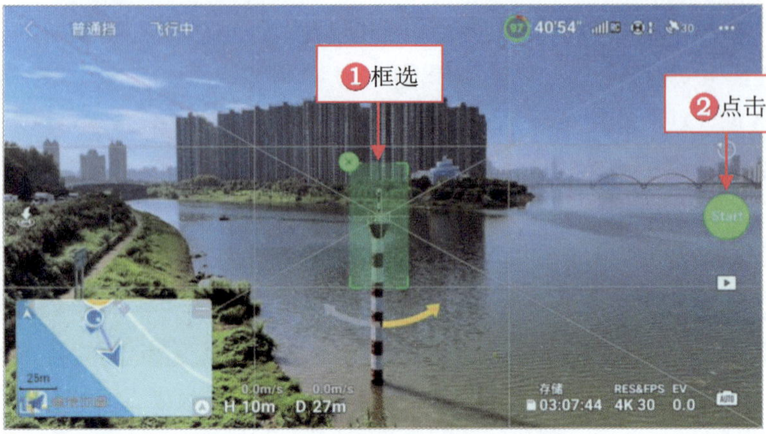

图 7-13　点击 Start（开始）按钮

图 7-14　无人机围绕灯塔进行环绕飞行

图 7-15　使用环绕模式拍摄的运镜视频效果

7.1.4　螺旋模式

螺旋模式

螺旋模式运镜是指无人机围绕目标对象飞行一圈，并逐渐拉升一段距离。下面介绍具体的操作方法。

Step 01 ❶在拍摄模式面板中选择“一键短片”选项；❷选择“螺旋”拍摄模式；❸点击按钮，如图 7-16 所示，框选小船为目标。

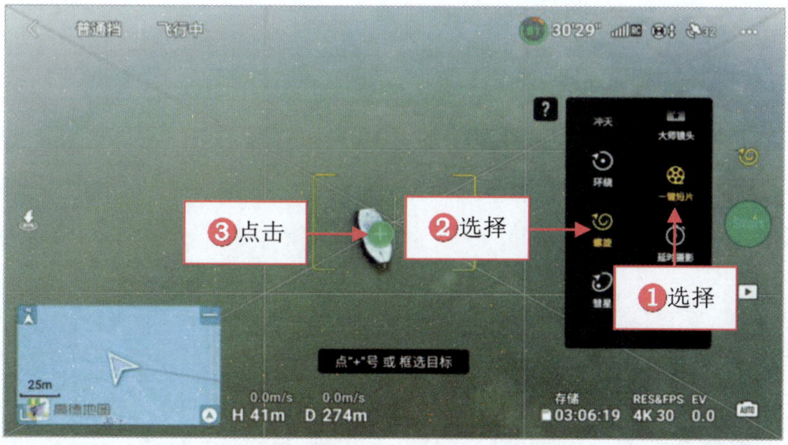

图 7-16　点击相应的按钮

Step 02 ❶默认选择顺时针环绕方式；❷点击 Start（开始）按钮，如图 7-17 所示。

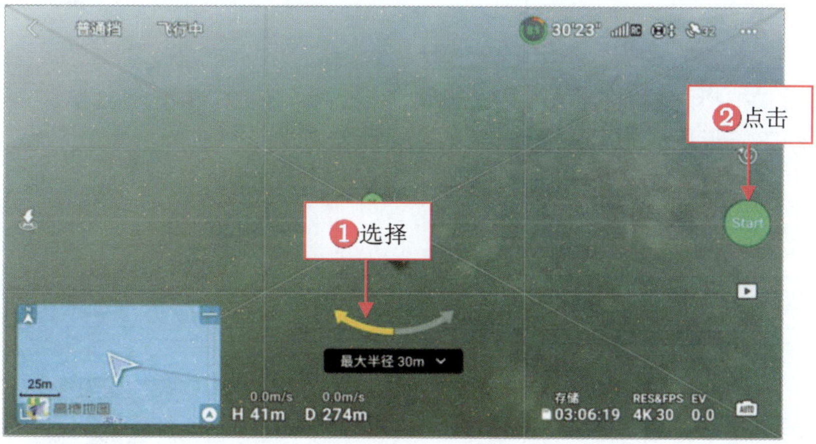

图 7-17　点击 Start（开始）按钮

Step 03 无人机即可围绕目标对象顺时针飞行一圈，并逐渐拉升一段距离，拍摄完成之后，会返回到起点位置，如图 7-18 所示。

图 7-18　无人机围绕目标对象顺时针飞行一圈

> ▶ 专家指点
> “环绕”和“螺旋”模式都可以选择环绕方向，进行顺时针或者逆时针环绕。

Step 04 使用螺旋模式拍摄的运镜视频效果如图 7-19 所示。

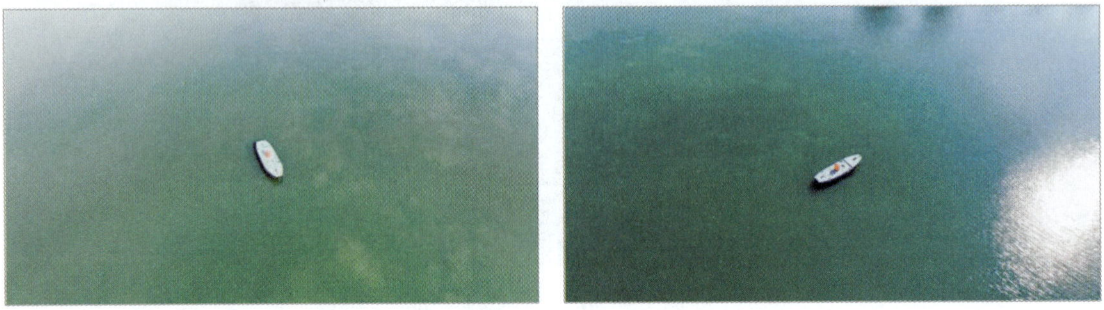

图 7-19　使用螺旋模式拍摄的运镜视频效果

7.1.5　彗星模式

彗星模式

使用彗星模式拍摄运镜视频时，无人机将围绕目标飞行，并逐渐上升到最远端，再逐渐下降返回起点。下面介绍具体的操作方法。

Step 01 在拍摄模式面板中，❶选择“一键短片”选项；❷选择“彗星”拍摄模式，如图 7-20 所示。

图 7-20　选择“彗星”拍摄模式

Step 02 ❶框选大桥上的建筑为目标，选择目标之后；❷选择向左顺时针环绕方式；❸点击 Start（开始）按钮，如图 7-21 所示，无人机围绕目标进行环绕上升飞行，最后会再飞回到起点。

> ▶ 专家指点
> 彗星模式除了可以用来拍摄建筑、风景之外，还可以用来人物或者汽车。在拍摄的时候，构图是非常重要的，先构图，再点击 Start（开始）按钮。

图 7-21　点击 Start（开始）按钮

Step 03 使用彗星模式拍摄的运镜视频效果如图 7-22 所示。

图 7-22　使用彗星模式拍摄的运镜视频效果

7.1.6　小行星模式

小行星模式

使用小行星模式，可以完成一个从局部到全景的漫游小视频，效果非常吸人眼球。下面介绍具体的操作方法。

Step 01 ❶选择“一键短片”选项；❷选择“小行星”拍摄模式，如图 7-23 所示。

图 7-23　选择“小行星”拍摄模式

Step 02 ❶用手指在屏幕中框选小岛为目标；❷点击 Start（开始）按钮，如图 7-24 所示，无人机开始飞行。

图 7-24 点击 Start（开始）按钮

Step 03 使用小行星模式拍摄的运镜视频效果如图 7-25 所示。

图 7-25 使用小行星模式拍摄的运镜视频效果

7.2 延时摄影

目前，大疆无人机包含 4 种延时摄影模式，选择相应的延时拍摄模式后，无人机将在设定的时间内自动拍摄一定数量的序列照片，并生成延时视频。本节主要介绍 4 种延时摄影模式的拍法，帮助读者学会拍摄延时视频。

7.2.1　自由延时模式

自由延时是唯一一个不用起飞就可以拍摄的延时模式，可以在地面拍摄，也可以在空中悬停拍摄。不过，随着定速巡航功能的更新，可以搭配自由延时一起使用，从而可以拍出大范围的移动延时视频。下面介绍自由延时模式的基本拍摄方法。

自由延时模式

Step 01 在 DJI Fly App 的相机界面中，点击左侧的拍摄模式按钮，如图 7-26 所示。

图 7-26　点击拍摄模式按钮

Step 02 在弹出的面板中，❶选择"延时摄影"选项；❷默认选择"自由延时"拍摄模式；❸点击下拉按钮，如图 7-27 所示。

图 7-27　点击下拉按钮

Step 03 界面下方会显示拍摄间隔、视频时长和最大速度，点击"最大速度"按钮，如图 7-28 所示。

Step 04 ❶设置速度为 1.1 m/s；❷点击按钮确认；❸点击拍摄按钮，如图 7-29 所示。

图 7-28 点击“最大速度”按钮

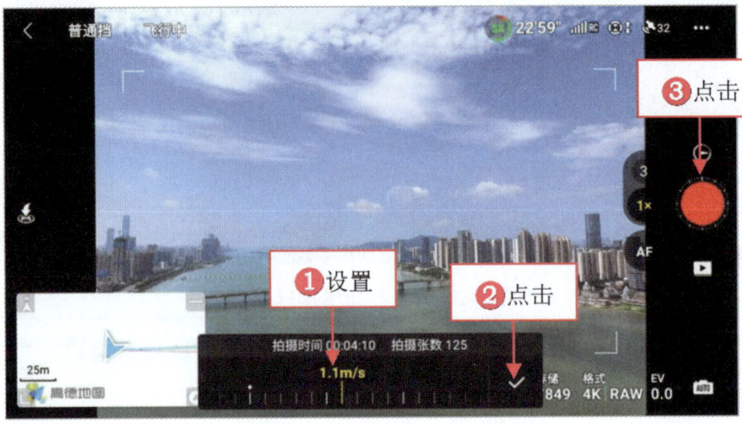

图 7-29 点击拍摄按钮

Step 05 无人机开始拍摄序列照片，如图 7-30 所示，在照片张数右侧有个 **+1s** 按钮，如果点击该按钮，最终合成的视频时长将增加 1 s，拍摄张数会增加 25 张，拍摄时间也会延长。

图 7-30 无人机开始拍摄序列照片

Step 06 照片拍摄完成后，弹出“正在合成视频”提示，右侧也会显示合成的进度，如图 7-31 所示。

Step 07 待合成完毕后，弹出“视频合成完毕”提示，视频拍摄完成，如图 7-32 所示。

图 7-31　弹出“正在合成视频”提示

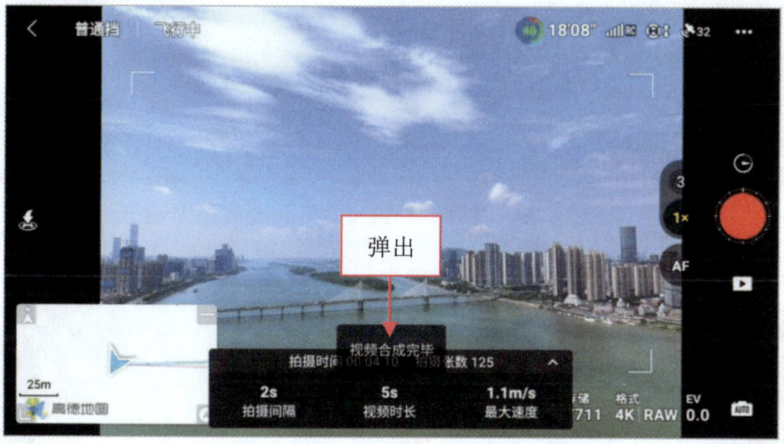

图 7-32　弹出“视频合成完毕”提示

Step 08 下面来欣赏拍摄好的自由延时视频，主要记录了天空中云朵的变化，效果如图 7-33 所示。

图 7-33　自由延时视频效果

7.2.2　环绕延时模式

在环绕延时模式中，无人机可以自动根据框选的目标计算环绕半径，然后用户可以选择顺时针或者逆时针环绕拍摄。在选择环绕目标对象时，尽量

环绕延时模式

选择位置上没有明显变化的物体对象。下面介绍环绕延时模式的具体拍摄方法。

Step 01 在 DJI Fly App 的相机界面中，点击左侧的拍摄模式按钮，在弹出的面板中，①选择“延时摄影”选项；②选择“环绕延时”拍摄模式，如图 7-34 所示。

图 7-34 选择“环绕延时”拍摄模式

Step 02 ①用手指在屏幕中框选目标点；②点击下拉按钮，如图 7-35 所示。

图 7-35 点击下拉按钮

Step 03 设置默认的拍摄间隔、视频时长、速度和逆时针环绕方向，然后点击拍摄按钮，如图 7-36 所示。

Step 04 无人机会测算一段距离，测算完成后，拍摄进度会更新，如图 7-37 所示。

Step 05 拍摄完成后，界面中弹出“正在合成视频”提示，如图 7-38 所示。

图 7-36　点击拍摄按钮

图 7-37　拍摄进度会更新

图 7-38　弹出“正在合成视频”提示

Step 06 合成完成后，弹出“视频合成完毕”提示，视频拍摄完成，如图 7-39 所示。

图 7-39 弹出“视频合成完毕”提示

Step 07 下面来欣赏拍摄好的环绕延时视频，记录了云朵的变化，效果如图 7-40 所示。

图 7-40 环绕延时视频效果

7.2.3 定向延时模式

定向延时模式

定向延时模式通常应用于拍摄直线飞行的移动延时，并且可以利用定向延时模式拍摄甩尾效果的视频。在定向延时模式下，一般默认当前无人机的朝向设定飞行方向，如果不修改无人机的镜头朝向，无人机则向前飞行。下面介绍定向延时模式的具体拍摄方法。

Step 01 在 DJI Fly App 的相机界面中，点击左侧的拍摄模式按钮，在弹出的面板中，❶选择“延时摄影”选项；❷选择“定向延时”拍摄模式；❸点击按钮消除提示，如图 7-41 所示。

Step 02 ❶点击锁定按钮，锁定航线；❷框选目标点；❸点击下拉按钮，如图 7-42 所示。

Step 03 设置默认的拍摄间隔和视频时长，点击“速度”按钮，如图 7-43 所示。

图 7-41　点击相应的按钮

图 7-42　点击下拉按钮

图 7-43　点击“速度”按钮

Step 04 ❶设置“速度”参数为 1.5 m/s；❷点击✓按钮；❸点击拍摄按钮●，如图 7-44 所示。

图 7-44　点击拍摄按钮

Step 05 照片拍摄完成后，无人机会自动合成延时视频，如图 7-45 所示。

图 7-45　无人机会自动合成延时视频

Step 06 下面来欣赏拍摄好的定向延时视频，这是一段甩尾延时，效果如图 7-46 所示。

图 7-46　定向延时视频效果

7.2.4　轨迹延时模式

使用轨迹延时模式时，可以设置多个航点，主要是需要设置画面的起幅和落幅。在拍摄之前，用户需要提前让无人机沿着航线飞行，到达所需的高度，设定朝向后再添加航点，航点会记录无人机的高度、朝向和摄像头角度。

轨迹延时模式

全部航点设置完毕后，无人机可以按正序或倒序的方式拍摄轨迹延时。下面介绍轨迹延时的具体拍摄方法。

Step 01 在 DJI Fly App 的相机界面中，点击左侧的拍摄模式按钮，在弹出的面板中，①选择“延模式时摄影”选项；②选择“轨迹延时”拍摄模式，如图 7-47 所示。

图 7-47　选择“轨迹延时”拍摄模式

Step 02 ①设置 3 倍焦段；②点击下拉按钮，如图 7-48 所示。

图 7-48　点击下拉按钮

Step 03 点击按钮，设置无人机轨迹飞行的起幅点，如图 7-49 所示。

图 7-49　点击相应按钮（1）

Step04 让无人机向前飞行一段距离，点击 + 按钮，继续添加轨迹点，如图 7-50 所示。

图 7-50　点击相应按钮（2）

Step05 让无人机再向前飞行一段距离，❶点击 + 按钮添加落幅点；❷点击 ··· 按钮，如图 7-51 所示。

图 7-51　点击相应按钮（3）

Step 06 ❶设置“逆序”拍摄顺序；❷设置“拍摄间隔”参数为 3 s；❸点击拍摄按钮●，如图 7-52 所示。

图 7-52　点击拍摄按钮

Step 07 无人机沿着轨迹逆序飞行拍摄，无人机飞行到起幅点的位置之后，会停止飞行，自动合成延时视频，如图 7-53 所示。

图 7-53　合成延时视频

Step 08 下面来欣赏拍摄好的轨迹延时作品，这是一段后退延时视频，效果如图 7-54 所示。

图 7-54　轨迹延时视频效果

7.3 变焦模式

大疆 Mavic 3 Pro 无人机最大的亮点就在于它的镜头，让无人机从此进入了“三摄”时代。大疆 Mavic 3 Pro 的主摄搭载的是哈苏镜头，新增搭载了一颗 4 800 万像素 1/1.3 英寸传感器，并配备了等效 70 mm F2.8 恒定光圈镜头。哈苏广角相机、中长焦相机和长焦相机这 3 个镜头可以实现多段变焦，让航拍有了更多的方法。本节将介绍相应的变焦模式和拍摄技巧。

7.3.1 3 倍变焦

3 倍变焦

大疆 Mavic 3 Pro 的多段变焦功能可以让创作者更加自由地发挥，有效地提升工作效率。下面将介绍用 3 倍变焦拍摄照片的方法。

Step 01 在 DJI Fly App 的相机界面中，点击对焦条上的 3 按钮，如图 7-55 所示。

图 7-55　点击对焦条上的 3 按钮

Step 02 让画面实现 3 倍变焦，再微微调整云台的角度，进行构图，点击拍摄按钮，如图 7-56 所示，拍摄照片。

图 7-56　点击拍摄按钮

Step03 用 3 倍变焦模式拍摄的照片效果如图 7-57 所示，缩减了画面内容。

图 7-57　照片效果

7.3.2　7 倍变焦

3 倍变焦可以让画面具有空间压缩感，而 7 倍变焦则能放大主体，对局部进行刻画。下面将介绍用 7 倍变焦拍摄照片的方法。

7 倍变焦

Step01 ❶点击对焦条上的 7 按钮，即可实现 7 倍变焦，调整云台的俯仰角度；❷点击拍摄按钮◯，如图 7-58 所示，拍摄照片。

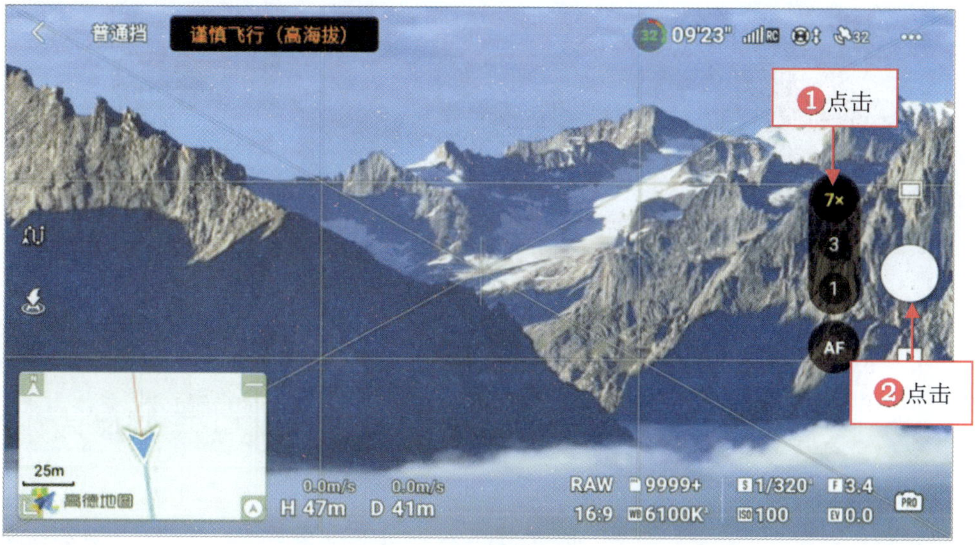

图 7-58　点击拍摄按钮

Step02 用 7 倍变焦模式拍摄的照片效果如图 7-59 所示，展示雪山细节。

图 7-59　照片效果

7.3.3　28 倍变焦

28 倍变焦

在“探索”模式下，相机镜头可以实现 28 倍混合变焦，满足一些用户的创作探索需求。下面将介绍设置变焦的方法。

Step 01 在 DJI Fly App 的相机界面中，点击左侧的拍摄模式按钮，在弹出的面板中，①选择“录像”选项；②选择“探索”拍摄模式；③点击拍摄画面，如图 7-60 所示，消除弹出的提示。

图 7-60　点击拍摄画面

Step 02 用双指放大屏幕，放大到最大，即可实现 28 倍混合变焦，查看桥梁上的部分纹路和细节，如图 7-61 所示。

图 7-61　实现 28 倍混合变焦

7.3.4　长焦拍视频

长焦拍视频

长焦镜头除了可以用来拍摄照片，还可以用来拍摄视频，长焦镜头能让画面更加简洁、构图更加明朗。下面将介绍如何用长焦镜头拍摄视频。

Step 01 在相机界面的“录像”模式下，①点击对焦条上的 3 按钮，让画面实现 3 倍变焦；②点击拍摄按钮，如图 7-62 所示。

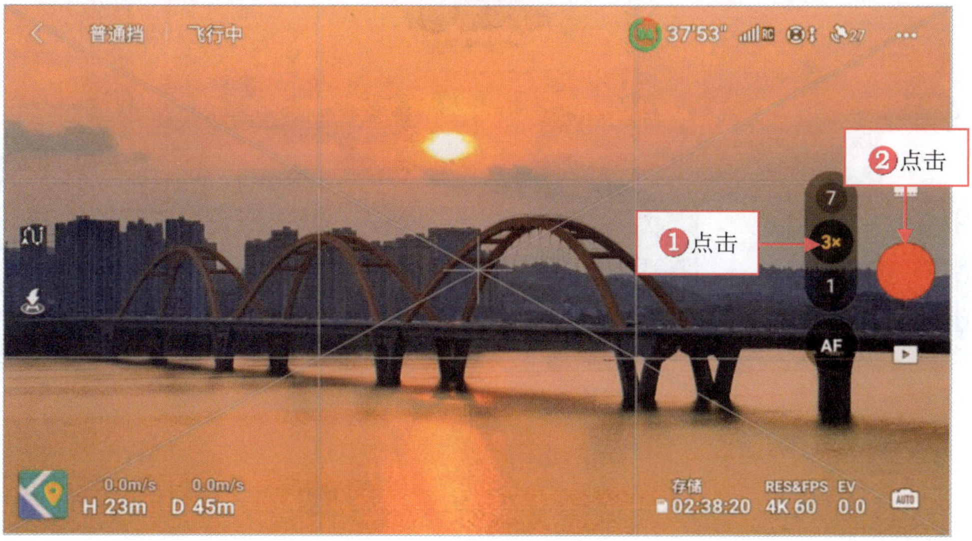

图 7-62　点击拍摄按钮

Step 02 向右推动左摇杆，即可用长焦拍摄视频，效果如图 7-63 所示。

图 7-63　用长焦拍摄视频

7.3.5　希区柯克变焦

希区柯克变焦也称为滑动变焦，是指通过制作出被拍摄主体与背景之间的距离改变，而主体本身大小不会改变的视觉效果，营造出一种空间扭曲感。下面介绍具体的拍摄方法。

希区柯克变焦

Step 01　无人机靠近主体，并让主体处于画面中间，在相机界面中，❶点击航点飞行按钮，开启航点飞行，弹出相应的面板；❷点击下拉按钮，如图 7-64 所示。

图 7-64　点击下拉按钮

Step 02　点击按钮，添加航点 1，如图 7-65 所示。

Step 03　向下推动右摇杆，让无人机后退飞行一段距离，点击按钮，如图 7-66 所示，添加航点 2，点击航点 1。

Step 04　在弹出的面板中，❶点击“相机动作”按钮，设置为“开始录像”选项；❷点击返回按钮，如图 7-67 所示。

图 7-65　点击相应按钮（1）

图 7-66　点击相应按钮（2）

图 7-67　点击返回按钮（1）

Step 05 点击航点 2，在弹出的面板中，设置“相机动作”为“结束录像”选项，❶点击“变焦”按钮，设置 3 倍变焦；❷点击返回按钮<，如图 7-68 所示。

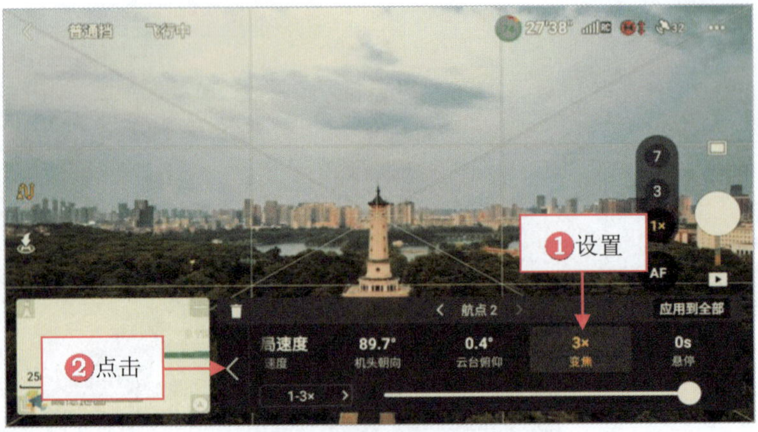

图 7-68　点击返回按钮（2）

Step 06 点击更多按钮，在弹出的面板中，①设置“全局速度”为 4 m/s；②点击 GO 按钮，如图 7-69 所示。

图 7-69　点击 GO 按钮

Step 07 无人机即可按照所设的航点飞行，在开始飞行时，可以点击拍摄按钮，拍摄视频，如图 7-70 所示。

图 7-70　点击拍摄按钮

Step 08 拍摄完成后，查看视频效果，可以看到画面主体的大小没有改变，而背景却有所改变，如图 7-71 所示。

图 7-71　查看视频效果

7.4　焦点跟随

在大疆 Mavic 3 Pro 无人机的焦点跟随模式下，有“跟随”“聚焦”和“环绕”模式，不同模式下的拍摄效果会有所区别。在跟随人、车、船等移动物体的时候，使用焦点跟随模式，可以解放双手，实现拍摄自由。不像一键短片模式，无人机会自动拍摄视频，在焦点跟随模式下，需要用户手动点击拍摄按钮，才能拍摄视频。

7.4.1　跟随模式

跟随模式

在大疆 Mavic 3 Pro 无人机的跟随模式下，用户可以让无人机从 4 个方向上跟随目标对象。无人机在跟随之前，需要用户框选目标，才能进行相应的设置，让无人机跟随目标飞行。下面介绍具体的操作方法。

Step 01 在 DJI Fly App 的相机界面中，❶用手指在屏幕中框选游船为目标，框选成功之后，目标处于绿框内；❷绿框下面显示图标，表示目标为船；❸在弹出的面板中选择“跟随”模式，如图 7-72 所示。

图 7-72　选择“跟随”模式

Step 02 弹出"追踪"菜单，❶默认选择 B 选项；❷点击 GO 按钮，如图 7-73 所示。在"追踪"菜单中，B 表示从背后跟随；F 表示从正面跟随；R 表示从右侧跟随；L 表示从左侧跟随。

图 7-73　点击 GO 按钮

Step 03 无人机将跟随轮船，并且边跟随边后退飞行，用户可以点击拍摄按钮，拍摄视频，飞行完成之后，点击 Stop 按钮，如图 7-74 所示，无人机即可停止自动飞行和跟随。

图 7-74　点击 Stop 按钮

7.4.2　聚焦模式

聚焦模式

当使用聚焦跟随模式时，无人机将锁定目标对象，不论无人机向哪个方向飞行，相机镜头都会一直锁定目标对象。如果用户没有打杆，那么无人机将固定位置不动，但云台镜头会紧紧锁定和跟踪人物目标。

用户也可以调整云台的俯仰角度，进行构图拍摄。下面介绍具体操作方法。

Step 01　在 DJI Fly App 的相机界面中，❶用手指在屏幕中框选游轮为目标，框选成功之后，目标处于绿框内；❷默认选择“聚焦”模式，如图 7-75 所示。

图 7-75　选择“聚焦”模式

Step 02　在游轮移动的时候，无人机会调整相机云台的角度来锁定行人，此时，用户可以拨动云台俯仰拨轮，设置俯仰角度为-11°，调整构图，如图 7-76 所示，无人机在“聚焦”模式下，也会自动让框选目标处于画面中间的位置。

图 7-76　设置俯仰角度为-11°

Step 03　在目标慢慢远离的时候，点击绿框左上角的按钮，退出“聚焦”跟随模式。

7.4.3　环绕模式

环绕模式

环绕模式是指无人机在跟随目标对象的同时，环绕目标对象飞行。使用环绕跟随模式，可以让无人机向左环绕，也可以让无人机向右环绕，同时还能设置环绕飞行的速度。下面介绍具体的操作方法。

Step 01 在 DJI Fly App 的相机界面中，①用手指在屏幕中框选游船为目标，框选成功之后，目标处于绿框内；②绿框下面显示图标，表示目标为船；③在弹出的面板中选择“环绕”模式，如图 7-77 所示。

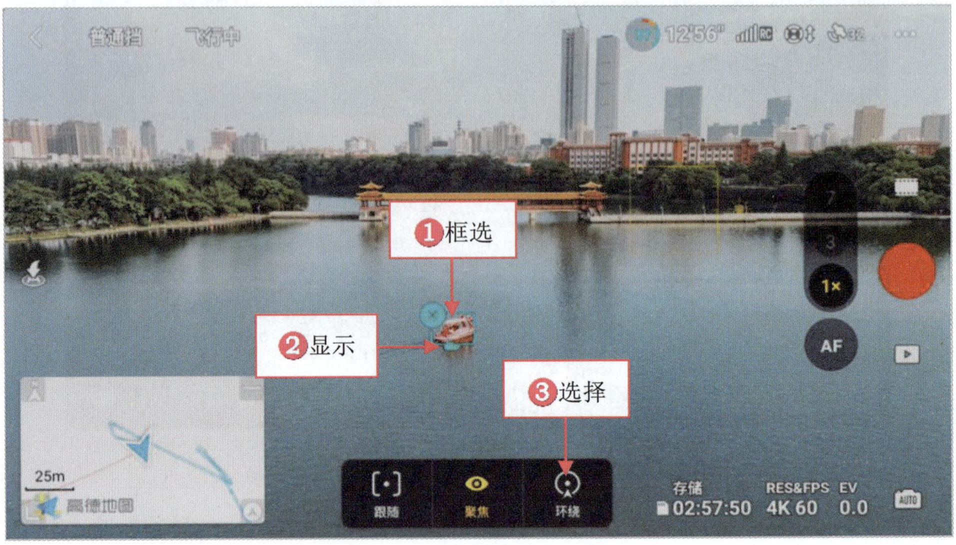

图 7-77　选择“环绕”模式

Step 02 ①默认设置向右环绕的方式；②点击 GO 按钮，如图 7-78 所示，无人机将跟随并环绕轮船，向右飞行。

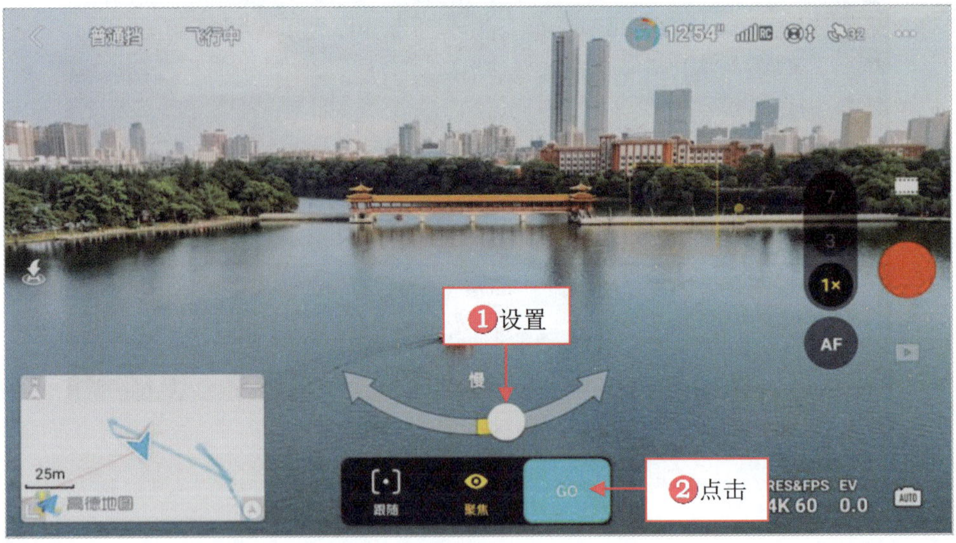

图 7-78　点击 GO 按钮

Step 03 向右滑动控制按钮，将环绕速度设置为“快”，如图 7-79 所示。

Step 04 无人机将增加环绕飞行的速度，如图 7-80 所示，飞行到轮船的侧面。

Step 05 ①向左滑动控制按钮，将环绕速度设置为“慢”，无人机慢速环绕游船飞行；②点击 Stop 按钮，如图 7-81 所示，无人机即可停止自动飞行。

图 7-79　将环绕速度设置为“快”

图 7-80　无人机将增加环绕飞行的速度

图 7-81　点击 Stop 按钮

本章小结

本章主要介绍了无人机自带的多种智能模式。首先介绍了 6 种一键短片模式，包括渐远模式、冲天模式、环绕模式、螺旋模式、彗星模式及小行星模式；其次介绍了 4 种延时摄影模式，包括自由延时模式、环绕延时模式、定向延时模式及轨迹延时模式等；再次介绍了 5 种变焦模式，包括 3 倍变焦、7 倍变焦、28 倍变焦，以及长焦拍视频、希区柯克变焦等；最后介绍了 3 种焦点跟随模式，包括跟随模式、聚焦模式及环绕模式等。通过本章的学习，读者可以熟练掌握无人机智能模式的航拍技巧。

课后习题

课后习题 1

鉴于本章知识的重要性，为了让读者能够更好地掌握所学知识，将通过课后习题进行简单的知识回顾和补充。

1．使用无人机中的螺旋模式，拍摄出一段类似于如图 7-82 所示的视频效果。

图 7-82　螺旋模式拍摄的视频效果

2．使用无人机中的自由延时模式，拍摄出一段类似于如图 7-83 所示的延时视频效果。

课后习题 2

图 7-83　自由延时模式拍摄的视频效果

第 8 章
全景与夜景航拍

8

无人机在高空中所能拍摄到的风景是极为广阔的，所以全景拍照模式也是飞手们必学的航拍技能。在夜晚航拍的时候，也需要掌握一定的航拍技巧，这样才能拍出精彩的夜景大片。本章将主要介绍无人机的全景和夜景航拍技巧，帮助读者掌握更多的航拍技能，从而创作出更惊艳的航拍作品。

本章重点

- 掌握全景模式的拍摄方法
- 了解准备工作的内容
- 掌握航拍夜景的方法

思政目标

- 学习全景与夜景的航拍技巧，引导技术操作者在航拍过程中注重环境保护和社会责任，同时追求作品的艺术表现和创新
- 在夜间航拍时，要求技术操作者对周围环境和他人的安全负有责任，倡导了积极的社会价值观

8.1 全 景 模 式

所谓全景摄影就是将所拍摄的多张图片拼接合成为一张全景图片。随着无人机技术的不断发展，可以通过无人机轻松拍摄出全景照片，在电脑中进行后期拼接也十分方便，只要把握拍摄要点，就能拍摄和制作出全景作品。本节将主要介绍拍摄全景照片的方法。

8.1.1 球形全景

球形全景

球形全景是指无人机自动拍摄 26 张照片，然后进行自动拼接。拍摄完成后，用户在查看照片效果时，可以点击球形照片的任意位置，相机将自动缩放到该区域的局部细节，查看一张动态的全景照片。下面介绍球形全景的具体拍摄方法。

Step 01 在 DJI Fly App 的相机界面中，点击右侧的拍摄模式按钮，如图 8-1 所示。

图 8-1　点击右侧的拍摄模式按钮

Step 02 在弹出的面板中，❶选择“全景”选项；❷默认选择“球形”全景模式；❸点击拍摄按钮，如图 8-2 所示。

图 8-2　点击拍摄按钮

Step 03 无人机会自动拍摄照片，右侧显示拍摄进度，如图 8-3 所示，照片拍摄完成后，点击回放按钮▶。

图 8-3　显示拍摄进度

Step 04 在相册中查看拍摄好的全景照片，点击“查看 360° 图片”按钮，如图 8-4 所示。

图 8-4　点击“查看 360° 图片”按钮

Step 05 即可查看动态的球形全景照片，如图 8-5 所示。

图 8-5　查看动态的球形全景照片

Step 06 点击图片中的任意位置，即可放大和滑动照片查看细节，如图 8-6 所示，可以选择“展开”“小星形”“隧道”和“水晶球”选项，还能点击“截取图片”按钮进行截屏。

图 8-6　放大和滑动照片查看细节

8.1.2　180° 全景

180° 全景

180° 全景是指 21 张照片的拼接效果，以地平线为中心线，天空和地景各占照片的二分之一。下面介绍 180° 全景的具体拍摄方法。

Step 01 进入拍照模式界面，❶选择“全景”选项；❷选择 180° 全景模式；❸点击拍摄按钮⚪，如图 8-7 所示。

图 8-7　点击拍摄按钮

Step 02 执行操作后，无人机即可拍摄并合成全景照片，效果如图 8-8 所示。在后期处理上，裁剪了一些天空部分的云朵画面，展示了更多的地景内容。

图 8-8　180°全景照片效果

8.1.3　广角全景

广角全景

无人机中的广角全景是指 9 张照片的拼接效果，拼接出来的照片尺寸为 4:3，画面同样是以地平线为上下分割线进行拍摄。下面介绍广角全景的具体拍摄方法。

Step 01 进入拍照模式界面，❶选择"全景"选项；❷选择"广角"全景模式；❸点击拍摄按钮◯，如图 8-9 所示。

图 8-9　点击拍摄按钮

> ▶ 专家指点
>
> 在拍摄全景照片的时候，先选定主体对象，然后对画面进行构图，再拍摄。

Step 02 执行操作后，无人机即可拍摄并合成全景照片，效果如图 8-10 所示。

图 8-10　广角全景照片效果

8.1.4　竖拍全景

无人机中的竖拍全景是指 3 张照片的拼接效果，什么时候才适合用竖拍全景构图呢？一是拍摄的对象具有竖向的狭长性或线条性，二是展现天空的纵深及里面有合适的点睛对象。下面介绍竖拍全景的具体拍摄方法。

竖拍全景

Step 01 进入拍照模式界面，❶选择“全景”选项；❷选择“竖拍”全景模式；❸点击拍摄按钮⚪，如图 8-11 所示。

图 8-11　点击拍摄按钮

Step 02 执行操作后，无人机即可拍摄并合成全景照片，效果如图 8-12 所示，这是航拍的烈士公园的纪念塔照片，把狭长的阶梯进行全景拍摄，展示其纵深感。

图 8-12　竖拍全景照片效果

8.2 准备工作

当在城市上空航拍夜景照片或视频时，一定要利用好周围的灯光效果，保持无人机平稳、慢速的飞行，这样才能拍摄出清晰的夜景照片。本节将介绍航拍夜景之前需要注意的相关事项，帮助读者拍出唯美的夜景效果。

8.2.1 避障

无人机在夜间航拍的时候，光线的影响是比较大的，当无人机飞到空中的时候，你只看得到无人机的指示灯一闪一闪的，其他的什么也看不见。而且，夜间由于环境光线不足，无人机的视觉系统及避障会受影响，在 DJI Fly App 相机界面中会弹出“环境光线过暗，视觉系统及避障失效，请注意飞行安全”的提示，如图 8-13 所示。

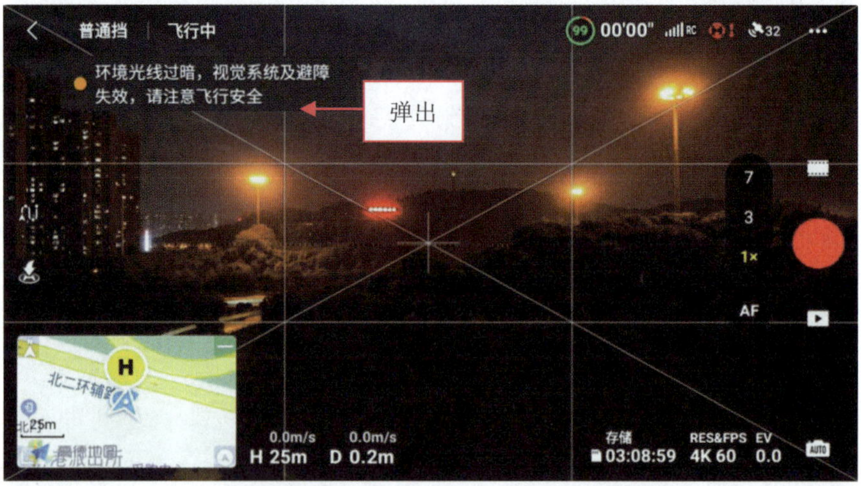

图 8-13　弹出相应的提示

因此，一定要在白天提前踩点，对拍摄地点进行检查，观察上空是否有电线或者其他障碍物，以免造成无人机的坠毁，因为晚上的高空环境肉眼是看不见的。如果环境光线过暗，此时可以适当调整云台相机的 ISO（感光度）和光圈值，来增加图传画面的亮度。

> ▶ 专家指点
>
> 在夜间飞行无人机的时候，无人机的视觉系统及避障会受到影响，不能正常工作。如果能通过调整 ISO 参数来增加画面的亮度，这样也能更清楚地看清周围的环境，但用户在拍摄照片前，一定要将 ISO 参数再调整回来，调整为正常曝光状态，以免拍摄的照片出现过曝的情况。

8.2.2 关灯

在默认情况下，飞行器前臂灯显示为红灯。在夜间拍摄时，前臂灯对画质有干扰和影响，所以在夜间拍摄照片或视频的时候，一定要把前臂灯关闭。可以在 DJI Fly App 系统设置的“安全”界面中，设置“前机臂灯”为“自动”模式，如图 8-14 所示，这样无人机在相机拍摄的过程中就会熄灭前机臂灯，保障拍摄的效果。

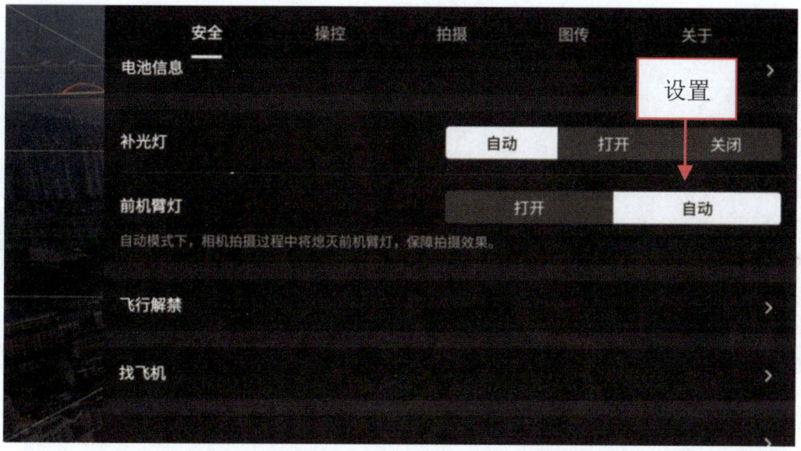

图 8-14　设置“前机臂灯”为“自动”模式

8.2.3　白平衡

白平衡

在无人机的设置界面中，用户可以通过设置画面的白平衡参数，使画面达到不同的色调效果。下面主要向读者介绍设置视频白平衡的操作方法。

Step 01 进入 DJI Fly App 相机界面，点击系统设置按钮，❶点击“拍摄”按钮，进入“拍摄”设置界面；❷把“白平衡”设置为“手动”模式；❸拖曳滑块，把参数设置为最小值 2000k，如图 8-15 所示。

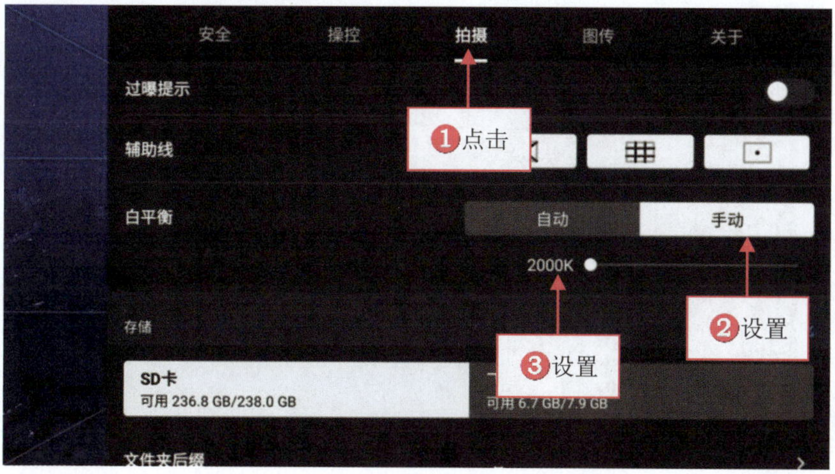

图 8-15　把参数设置为最小值 2000k

▶ 专家指点

白平衡，通过字面上的理解就是白色的平衡，白平衡是描述显示器中红、绿、蓝三基色混合生成后白色精确度的一项指标，通过设置白平衡可以解决画面色彩和色调处理的一系列问题。把“白平衡”参数设置为最大值 10 000 k，画面色调则会变成橙红色。

Step 02 点击图传画面，可以看到画面色调变成了深蓝色，如图 8-16 所示。

Step 03 在“拍摄”设置界面把“白平衡”设置为“自动”模式，如图 8-17 所示，无人机会根据当时环境的画面亮度和颜色自动设置白平衡的参数。

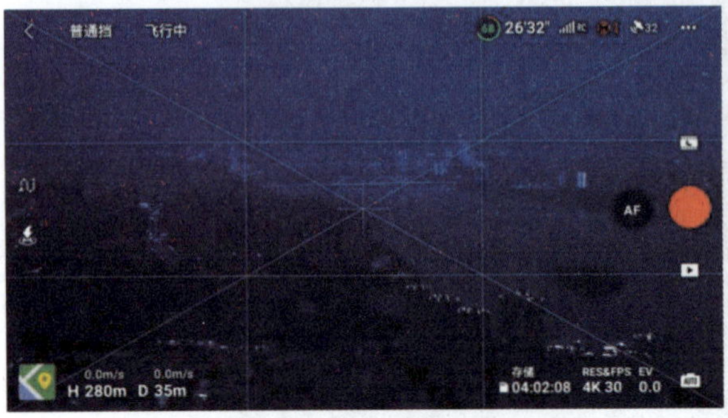

图 8-16 画面色调变成了深蓝色

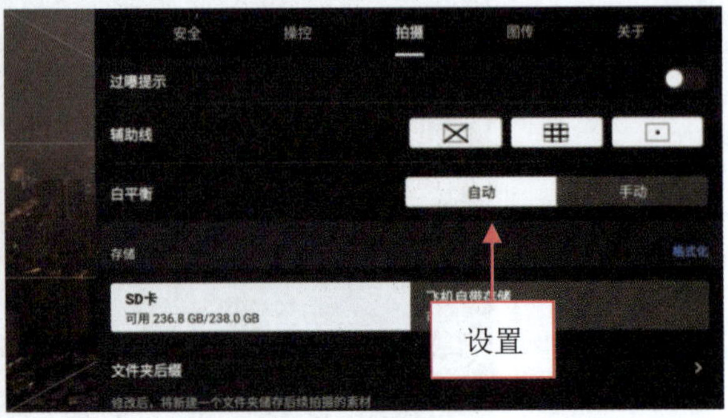

图 8-17 把“白平衡”设置为“自动”模式

8.2.4 曝光参数

在航拍夜景的时候，可以通过调整 ISO（感光度）参数将画面曝光和噪点控制在合适的范围内。但注意，夜间拍摄时，ISO 参数越高，画面噪点就越多，ISO 参数过低的话，画面也会偏暗。

在曝光参数不变的情况下，提高 ISO 参数能够增加画面曝光。ISO、光圈和快门是拍摄夜景的三大参数，到底 ISO 参数设置在多少时才适合拍摄夜景呢？这要结合光圈参数和快门速度来设置。

一般情况下，ISO 参数建议设置在 100～400，ISO 参数最高不要设置超过 400，否则会影响画质，如图 8-18 所示。

图 8-18 ISO 参数的设置

“光圈”参数可以选择 2.8，这样可以增加无人机相机的进光量，让画面亮一点。不过，具体的光圈参数还是需要根据画面来设置。

“快门”速度是指控制拍照时的曝光时长，在夜间航拍时，如果光线不太好，可以加大光圈、降低快门速度，这个可以根据实际的拍摄效果来调整。

▶ 专家指点

M.M 参数是不能调整的，如果是负数，表示画面欠曝；如果正数，画面就过曝；0 是曝光平衡的状态。可以通过调整 ISO、光圈和快门速度来调整 M.M 参数。

8.3 航拍夜景

本节主要介绍无人机在夜间如何航拍照片和视频，包括手动设置参数拍摄车轨光轨照片和用“夜景”模式拍摄视频的方法。图 8-19 为手动设置参数拍摄出来的车轨光轨照片，由此可以看到，汽车的灯光变成了一条一条的光线。

图 8-19 ISO 参数的设置

8.3.1 拍摄照片

拍摄照片

在繁华的大街上，如果想拍出汽车的光影运动轨迹，主要是通过延长曝光时间，使汽车的轨迹形成光影线条的美感。下面介绍拍出立交桥上车流光轨照片的方法。

Step 01 进入 DJI Fly App 相机界面，点击右下角的 AUTO（自动）按钮，❶切换至 PRO（专业）模式；❷点击 PRO 按钮左侧的画面拍摄参数，如图 8-20 所示。

Step 02 弹出相应的面板，❶点击调整参数按钮，切换至相应的选项卡；❷设置“白平衡”为“自动”、“照片格式”为 RAW、“照片比例”为 16:9、“照片分辨率”为 20MP、“存储”为 SD 卡，如图 8-21 所示。

图 8-20　点击拍摄参数

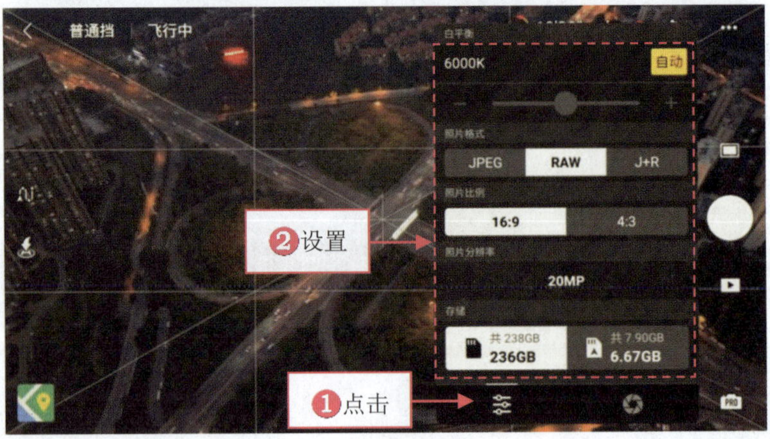

图 8-21　设置相应的参数（1）

Step 03 调整无人机的位置、高度和俯仰角度，进行构图，❶点击拍摄参数按钮，切换至相应的选项卡；❷取消 3 个参数右侧的“自动”模式；❸设置 ISO 参数为 100、“快门”速度为 3.2 秒、“光圈”参数为 2.8；❹点击拍摄按钮，拍摄照片，如图 8-22 所示，拍摄时间会比较长。

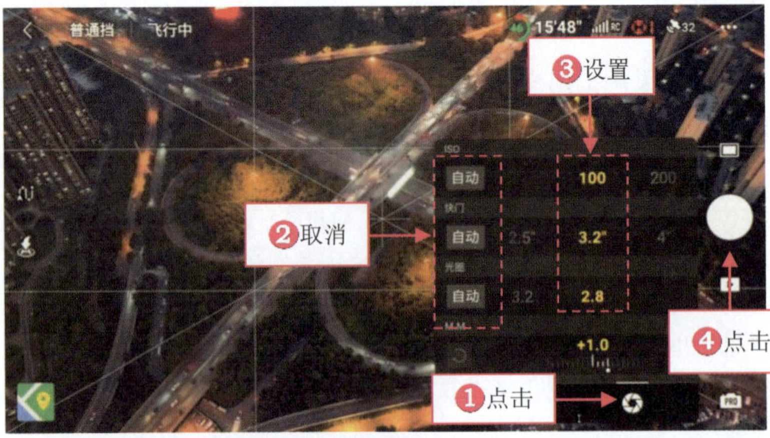

图 8-22　设置相应的参数（2）

Step 04 执行操作后，即可拍摄车流光轨照片，再后期调下色，效果如图 8-23 所示。

图 8-23　车流光轨照片

▶ 专家指点

还可以用 3 倍焦段，并用同样的拍摄参数拍摄车流光轨照片，效果如图 8-24 所示。

图 8-24　用 3 倍焦段拍摄的车流光轨照片

8.3.2　拍摄视频

拍摄视频

大疆 Mavic 3 Pro 无人机在录像状态下有“夜景”模式，无人机全程自动降噪，实现纯净夜拍，比“普通”录像模式的效果要好。下面将介绍使用夜景模式拍摄视频的操作方法。

Step 01 在 DJI Fly App 的相机界面中，点击左侧的拍摄模式按钮，在弹出的面板中，❶选择“录像”选项；❷选择“夜景”模式；❸界面中会弹出“当前模式无避障”提示；❹点击拍摄按钮，如图 8-25 所示。

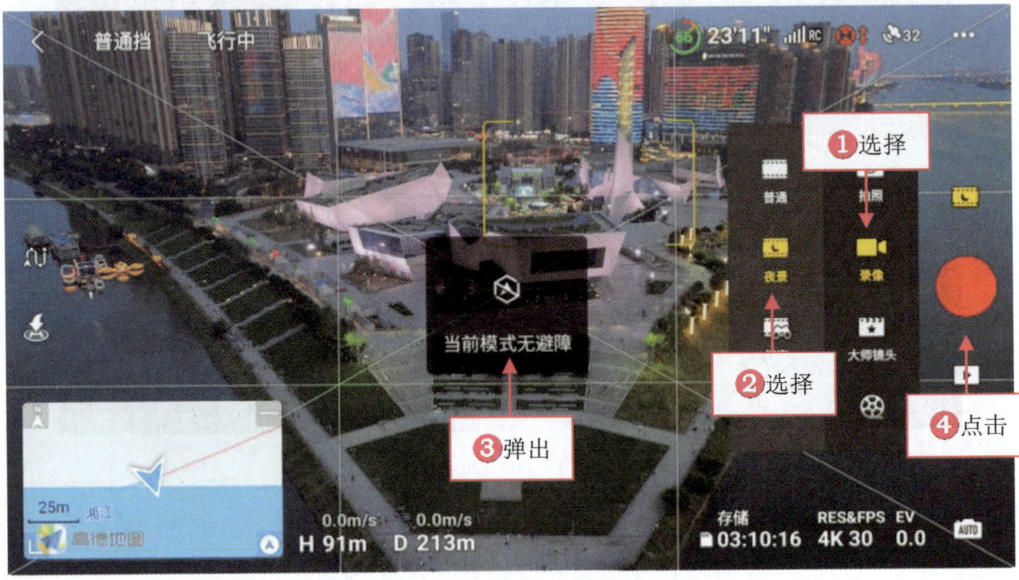

图 8-25 点击拍摄按钮

Step 02 左手向上推动左摇杆，右手向下推动右摇杆，图传画面如图 8-26 所示。

图 8-26 图传画面

Step 03 让无人机后退拉升，拍摄夜景视频，效果如图 8-27 所示。

图 8-27　夜景视频效果

本章小结

本章主要介绍了全景与夜景的航拍技巧。首先介绍了 4 种全景模式，包括球形全景、180° 全景、广角全景及竖拍全景等；其次介绍了航拍夜景的相关准备工作，包括避障事项、关闭前机臂灯、设置白平衡及设置曝光参数等；最后介绍了航拍夜景照片与视频的方法。通过本章的学习，读者可以熟练掌握全景与夜景的拍摄方法，学完以后可以举一反三，拍摄出更多精彩的作品。

课后习题

课后习题 1

课后习题 2

鉴于本章知识的重要性，为了让读者能够更好地掌握所学知识，将通过课后习题进行简单的知识回顾和补充。

1．使用无人机中的球形全景模式，拍摄出一幅类似于如图 8-28 所示的全景作品。

2．使用无人机中的广角全景模式，拍摄出一幅类似于如图 8-29 所示的全景效果。

图 8-28　球形全景作品

图 8-29　广角全景作品

第 9 章 高级航拍技巧

9

为了拍摄出更好的视频画面效果，可以在航拍中，加入一些高级运镜技巧。在航拍运镜的过程中，还需要注意打杆的流畅程度，因为打杆停顿或者速度不均匀的话，会导致画面出现卡顿的情况，影响视频的观感。为了帮读者提升航拍运镜水平，本章将介绍多种高级航拍运镜技巧。

本章重点

- 掌握环绕运镜的方法
- 掌握俯视运镜的方法
- 熟知组合运镜的方法
- 熟知穿越机运镜的方法

思政目标

- 掌握各种高级航拍技巧时，读者应当思考如何将这些技术运用到实践中，以创作出更具艺术性和观赏性的作品
- 倡导操作人员在航拍过程中传递积极正面的信息和价值观，促进科技与文化艺术的融合，为社会带来更多美好与正能量

9.1　环绕运镜

环绕运镜是指无人机围着主体环绕拍摄。拍摄过程中，无人机与主体之间的距离可以变动，画面会更有张力，借此渲染气氛。为了让读者学习更多的环绕运镜拍摄方法，本节将介绍 4 种环绕运镜技巧。

9.1.1　环绕上升运镜

环绕上升运镜

环绕上升运镜的形式是让无人机围绕主体一边环绕飞行一边上升，无人机会不停地改变环绕角度和高度，如图 9-1 所示。

图 9-1　环绕上升运镜

拍摄方法如下。

Step 01 让无人机飞升至一定的高度，向左拨动云台俯仰拨轮，微微俯拍车子。

Step 02 向右上方推动左侧的摇杆，同时向左推动右侧的摇杆，让无人机向左上方顺时针环绕主体，并上升飞行，拍摄环绕上升运镜。

9.1.2　环绕靠近运镜

环绕靠近运镜

环绕靠近运镜，顾名思义就是让无人机在环绕主体的同时，向主体的位置进行靠近飞行，一边环绕一边缩短环绕距离，如图 9-2 所示。

图 9-2　环绕靠近运镜

拍摄方法如下。

Step 01 让无人机飞升至一定的高度，平拍远处驶来的货轮。

Step 02 向左推动左侧的摇杆，同时向右上方推动右侧的摇杆，让无人机向右上方逆时针环绕主体，并向前飞行，靠近主体，拍摄环绕靠近运镜。

9.1.3　环绕远离运镜

环绕远离运镜

环绕远离运镜，顾名思义就是让无人机在环绕主体的同时，远离主体，一边环绕一边拉远环绕距离，如图 9-3 所示。

图 9-3　环绕远离运镜

拍摄方法如下。

Step 01 让无人机飞升至一定的高度，靠近平拍建筑。

Step 02 向左推动左侧的摇杆，同时向右下方推动右侧的摇杆，让无人机向右下方逆时针环绕主体，并后退飞行，远离主体，拍摄环绕远离运镜。

9.1.4　环绕下降靠近运镜

环绕下降运镜

环绕下降靠近运镜，是让无人机在环绕主体的同时，进行下降和前进飞行，降低高度，并靠近主体，如图 9-4 所示。

图 9-4　环绕下降靠近运镜

拍摄方法如下。

Step 01 让无人机飞升至一定的高度，向左拨动云台俯仰拨轮，微微俯拍建筑。

Step 02 向右下方推动左侧的摇杆，同时向左上方推动右侧的摇杆，让无人机向左下方顺时针环绕主体，并下降和前进飞行，拍摄环绕下降靠近运镜。

9.2 俯视运镜

本节主要介绍 4 种俯视运镜技巧，因为完全的俯视视角只有无人机航拍才能轻易实现，希望读者学好本节内容，熟练掌握无人机的俯视航拍技巧。

9.2.1 俯视上升运镜

俯视上升运镜

俯视上升运镜适合用在拍摄具有图案美的主体中，比如几何图案或者具有排列规律的图案，在无人机上升高度的时候，展示主体的图案全貌，如图 9-5 所示。

图 9-5 俯视上升运镜

拍摄方法如下。

Step 01 让无人机飞升至一定的高度，向左拨动云台俯仰拨轮，调整角度至 90°，俯拍水杉林。

Step 02 向上推动左侧的摇杆，让无人机上升飞行，拍摄俯视上升运镜，展示水杉林的全貌。

> **▶ 专家指点**
>
> 在拍摄俯拍运镜的时候，需要注意构图，最好使用中心构图，让主体处于画面中心，这样就有焦点，便于传达视频的主题。

9.2.2 俯视前飞运镜

俯视前飞运镜

俯视前飞运镜是指将云台相机调整到与地面 90° 垂直，然后直线前飞，这样的航线适合用来航拍道路，如图 9-6 所示，同时也可以用来航拍高楼建筑。

拍摄方法如下。

Step 01 让无人机飞升至一定的高度，向左拨动云台俯仰拨轮，调整角度至 90°，俯拍公园道路，并进行居中构图。

Step 02 向上推动右侧的摇杆，让无人机向前飞行，拍摄俯视前飞运镜。

图 9-6　俯视前飞运镜

9.2.3　俯视旋转运镜

俯视旋转运镜

具有高度的俯视镜头，可以展现画面空间，再使用俯视旋转运镜，拍摄具有几何美的主体，可以让画面变得动感起来，如图 9-7 所示。

图 9-7　俯视旋转运镜

拍摄方法如下。

Step 01 让无人机飞升至一定的高度，向左拨动云台俯仰拨轮，调整角度至 90° ，并进行居中构图，俯拍建筑。

Step 02 向右推动左侧的摇杆，让无人机旋转飞行，拍摄俯视旋转运镜。

9.2.4　俯视下降运镜

俯视下降运镜

俯视下降运镜与俯视上升运镜的运动方向相反，画面中的主体会由小变大，背景环境则会慢慢变少，放大主体的细节，让画面更有视觉冲击力，如图 9-8 所示。

拍摄方法如下。

Step 01 让无人机飞升至一定的高度，向左拨动云台俯仰拨轮，调整角度至 90° ，并进行斜线构图，俯拍公园。

Step 02 向下推动左侧的摇杆，让无人机下降飞行，拍摄俯视下降运镜。

图 9-8 俯视下降运镜

9.3 组合运镜

当学会一些基础的运镜技巧之后，可以进行运镜组合，为视频增添色彩。本节将介绍 5 种组合运镜航拍技巧，帮助读者轻松拍出视频的高级感。

9.3.1 上升横移镜头

上升横移镜头

上升横移镜头主要是让无人机一边侧飞、一边上升，适合拍摄具有横向延伸感，且具有一定高度的主体，展现大桥主体与环境之间的关系，如图 9-9 所示。

图 9-9 上升横移镜头

拍摄方法如下。

向上推动左侧的摇杆，让无人机上升飞行，同时向左推动右侧的摇杆，让无人机向左侧飞，拍摄上升横移镜头。

9.3.2 环绕靠近镜头

环绕靠近镜头

环绕靠近镜头以被摄主体为中心环绕点，无人机围绕主体进行环绕，并逐渐缩减环绕半径，从远及近地拍摄和聚焦主体，展现建筑主体与环境之间的关系，如图 9-10 所示。

图 9-10　环绕靠近镜头

拍摄方法如下。

向左推动左侧的摇杆，同时向右上方推动右侧的摇杆，让无人机一边逆时针环绕，一边靠近主体，拍摄环绕靠近镜头。

9.3.3　下降前进镜头

下降前进镜头

下降前进镜头是指无人机在下降的过程中进行前推，主体会慢慢变大，环境内容会变少，如图 9-11 所示。

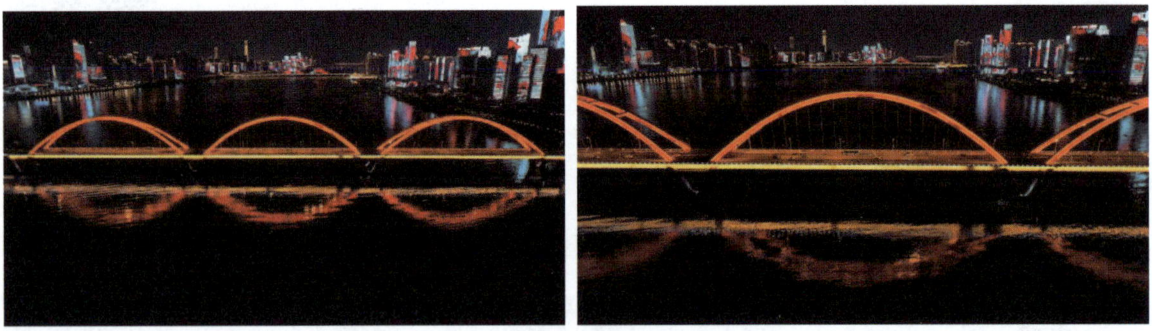

图 9-11　下降前进镜头

拍摄方法如下。

向下推动右侧的摇杆，让无人机实现前进飞行，同时向下推动左侧的摇杆，让无人机下降飞行，拍摄下降前进镜头。

9.3.4　旋转下降镜头

旋转下降镜头

旋转下降镜头具有很强的运动感，可能还会让人产生眩晕感，可以很好地表现气氛和场景，适合用来拍摄道路等具有对称感的主体，如图 9-12 所示。

拍摄方法如下。

向左拨动云台俯仰拨轮，让无人机相机镜头垂直 90° 朝下，向右下方推动左侧的摇杆，让无人机一边旋转一边下降飞行，拍摄旋转下降镜头。

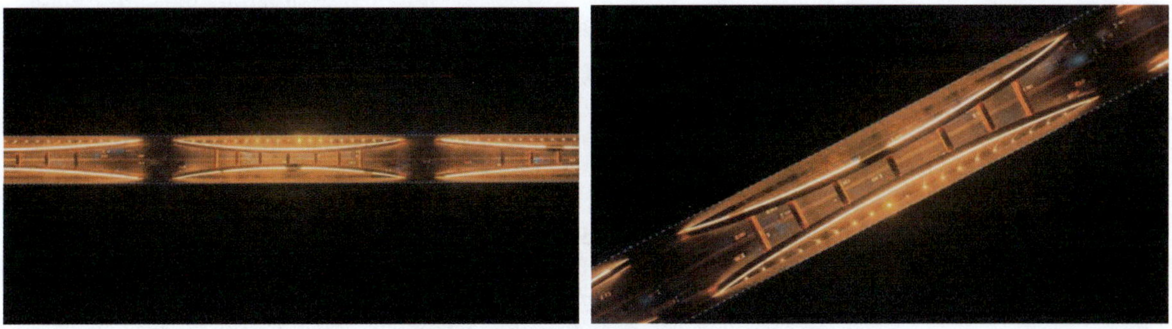

图 9-12　旋转下降镜头

9.3.5　上升俯拍运镜

上升俯拍镜头需要调整云台俯仰拨轮才能让镜头进行俯拍，这个镜头可以更高地表现主体，引导观众的视线，从而把大桥的纵深感展现地淋漓尽致，如图 9-13 所示。

上升俯拍运镜

图 9-13　上升俯拍镜头

拍摄方法如下。

向上推动左侧的摇杆，让无人机上升飞行，同时食指慢慢地向左拨动云台俯仰拨轮，让相机镜头朝下俯拍，拍摄上升俯拍镜头。

9.4　穿越机运镜

如何用大疆无人机拍出类似于穿越机般的动感、刺激画面呢？本节将介绍 4 种穿越机的运镜技巧，帮助读者体会到“过山车”般的飞跃感。

9.4.1　倾斜前飞镜头

无人机倾斜镜头往前飞行，即可实现穿越机般的灵活感，画面也会与用“跟随模式”拍摄的画面有所区别，画面不再水平，而是具有倾斜感。下面介绍具体拍法。

倾斜前飞镜头

Step 01 在 DJI Fly App 的相机界面中，点击右上角的 ··· 按钮，如图 9-14 所示。

图 9-14　点击相应按钮

Step 02 进入“安全”设置界面，点击“操控”按钮，如图 9-15 所示。

图 9-15　点击“操控”按钮

Step 03 进入“操控”设置界面，设置“云台模式”为“FPV 模式”，如图 9-16 所示，让无人机的云台跟随飞机运动姿态而变化。

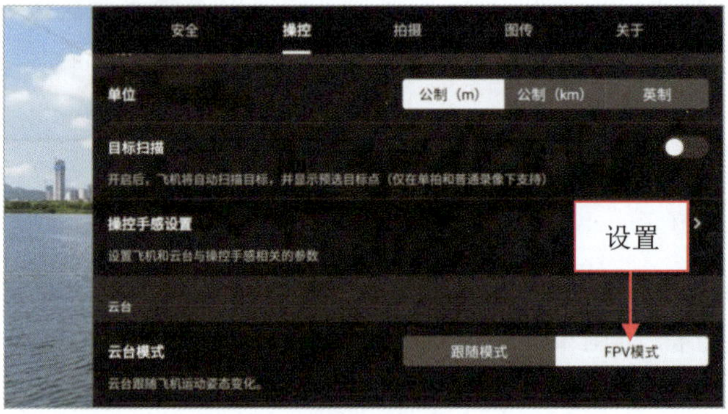

图 9-16　设置“云台模式”为“FPV 模式”

Step 04 在“FPV 模式”下，对画面进行构图，然后向上推动右侧的摇杆，让无人机实现前进飞行，同时向左推动左侧的摇杆，让无人机向左侧倾斜，拍摄倾斜前飞镜头，效果如图 9-17 所示。

图 9-17　倾斜前飞镜头

9.4.2　倾斜旋转镜头

倾斜旋转镜头

倾斜旋转镜头是指无人机倾斜相机镜头，并且向右旋转拍摄，类似于穿越机的急速转弯镜头，画面会给人一点眩晕感，如图 9-18 所示。

图 9-18　倾斜旋转镜头

拍摄方法如下。

在“FPV 模式”下，向右推动右侧的摇杆，让无人机向右侧飞行，同时向右推动左侧的摇杆，让无人机向右侧倾斜并旋转，拍摄倾斜旋转镜头。

9.4.3　横滚前飞镜头

横滚前飞镜头

横滚前飞镜头在“大师镜头”模式中也有，画面会左右倾斜，展现出刺激感和不平衡感，如图 9-19 所示。

图 9-19　横滚前飞镜头

拍摄方法如下。

在“FPV 模式”下，向上推动右侧的摇杆，让无人机实现前进飞行，同时向左推动左侧的摇杆，让无人机向左侧倾斜，再向右推动左侧的摇杆，让无人机向右侧倾斜，拍摄出横滚前飞的镜头画面。

9.4.4 倾斜环绕镜头

倾斜环绕镜头

倾斜环绕镜头是指让无人机在倾斜镜头的状态下，围绕主体进行环绕飞行拍摄，画面会给人一种身临其境的刺激感，如图 9-20 所示。

图 9-20 倾斜环绕镜头

拍摄方法如下。

在“FPV 模式”下，向右推动右侧的摇杆，同时向左推动左侧的摇杆，让无人机围绕建筑，进行逆时针环绕，拍摄倾斜环绕镜头。

本章小结

本章主要介绍了无人机的高级航拍技巧。首先介绍了 4 种环绕运镜，包括环绕上升运镜、环绕靠近运镜、环绕远离运镜及环绕下降运镜；其次介绍了 4 种俯视运镜，包括俯视上升运镜、俯视前飞运镜、俯视旋转运镜及俯视下降运镜；再次介绍了 5 种组合运镜，包括上升横移镜头镜头、环绕靠近镜头镜头、下降前进镜头镜头、旋转下降镜头及上升俯拍镜头；最后介绍了 4 种穿越机运镜，包括倾斜前飞镜头、倾斜旋转镜头、横滚前飞镜头及倾斜环绕镜头等。通过本章的学习，读者可以熟练掌握多种高级航拍技巧，轻松拍出优美的视频作品。

课后习题

鉴于本章知识的重要性，为了让读者能够更好地掌握所学知识，将通过课后习题进行简单的知识回顾和补充。

1. 使用后退拉高的航拍技法，拍摄出一段类似于如图 9-21 所示的短视频作品。

课后习题 1

图 9-21　后退拉高的航拍技法

2．使用上升左飞的航拍技法，拍摄出一段类似于如图 9-22 所示的短视频作品。

课后习题 2

图 9-22　上升左飞的航拍技法

第 10 章 专题航拍实战

10

本章主要介绍 8 大专题的航拍内容，覆盖了不同领域的航拍技术，使读者可以全面了解无人机在各种场景下的航拍技巧。不同的专题会激发读者的兴趣和创作灵感，帮助读者发掘无人机航拍的更多可能性，拓展视野和创作空间，从而在实践中获得更好的拍摄效果。

本章重点

- 航拍晚霞
- 航拍建筑
- 航拍公园
- 航拍人像
- 航拍烟花
- 航拍汽车
- 航拍桥梁
- 航拍宣传片

思政目标

- 通过学习航拍技术，培养读者的观察力、分析能力和解决问题的能力，提升综合素质和实践能力
- 培养读者对美的感知和表达能力，激发读者对生活、自然和社会的热爱和探索欲望，引导他们积极投身于美的创造和传播中

10.1　晚　霞

对于航拍来说，光线最好的时刻，就是日出和日落前后一小时，这也是拍摄朝霞和晚霞最好的时刻。霞是由于日出和日落前后，阳光通过厚厚的大气层，被大量的空气分子散射的结果。当空中的尘埃、水汽等杂质越多时，其色彩愈显著。如果有云层，云块也会染上橙红艳丽的颜色。本节将介绍如何拍摄夕阳晚霞。

10.1.1　长焦拍摄

长焦镜头的好处一是可以压缩画面空间，让画面变得简洁，二是不同无人机变动距离，节约飞行时间和电量。在拍摄晚霞的时候，寻找建筑为前景，拍出层次感，如图 10-1 所示。

图 10-1　使用长焦镜头拍摄晚霞

拍摄方法如下。

在相机飞行界面中点击 3 按钮，开启 3 倍变焦，用户向上推动左侧的摇杆，让无人机上升飞行，拍摄长焦升镜头。

10.1.2　抬头前飞

抬头前飞镜头是指无人机在俯视拍摄的过程中前进飞行，并调整云台俯仰拨轮，把镜头抬起来拍摄前方，让观众有代入感，眼前一亮，渐渐地展现最终的晚霞美景，如图 10-2 所示。

图 10-2　使用抬头前飞镜头拍摄晚霞

拍摄方法如下。

云台先垂直 90° 朝向地面，用户向上推动右侧的摇杆，让无人机实现前进飞行，同时向右拨动云台俯仰拨轮，让无人机相机慢慢抬头，拍摄抬头前飞镜头。

> ▶ 专家指点
>
> 拍摄好抬头前飞镜头的诀窍一是需要规划好飞行路线，保证无人机在抬头之后就能拍摄到绝美的画面；二是需要用户匀速推杆和拨动云台俯仰拨轮，保证画面的流畅度。

10.1.3 定向延时

定向延时

为了让视频画面不那么平庸，可以用定向延时模式拍摄晚霞，让视频更加动感。下面介绍具体的拍摄方法。

Step 01 在 DJI Fly App 的相机界面中，点击右侧的拍摄模式按钮，❶在弹出的面板中选择“延时摄影”选项；❷选择“定向延时”拍摄模式，点击按钮，消除提示；❸点击按钮，锁定航线，如图 10-3 所示。

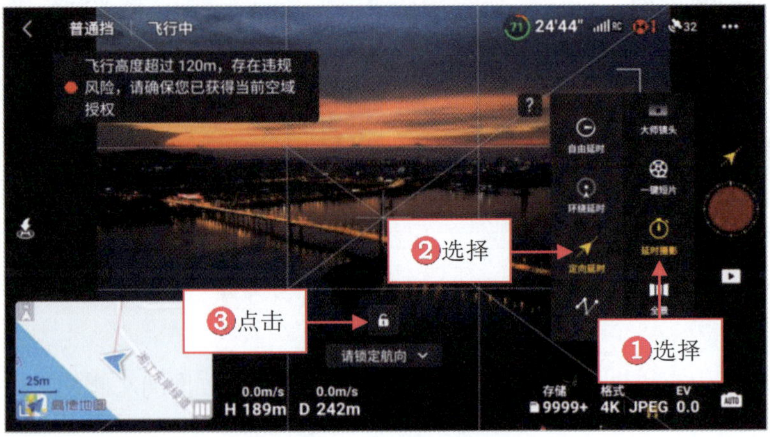

图 10-3 点击相应按钮

Step 02 点击拍摄按钮，无人机开始拍摄序列照片，照片拍摄合成完成后，弹出“视频合成完毕”提示，如图 10-4 所示。

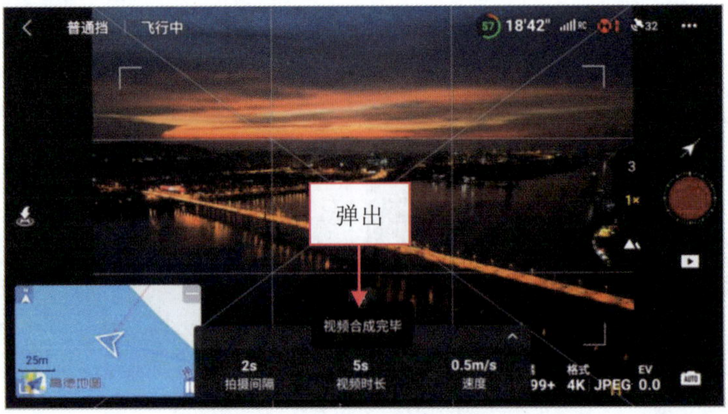

图 10-4 “视频合成完毕”提示

Step 03 继续锁定航线，点击拍摄按钮，再拍摄一段 5 s 的前进延时视频，如图 10-5 所示，后期再把两段延时视频合成为一段，用户还可以直接设置“视频时长”为 10 s，这样就能一次性拍摄一段 10 s 的前进延时视频，不过需要规划好电池电量，保障飞行和拍摄。

图 10-5　再拍摄一段 5 s 的前进延时视频

Step 04 下面来欣赏拍摄的这段定向延时视频效果，如图 10-6 所示，无人机前进飞行的时候，大桥上的彩灯刚好亮起来了，晚霞与灯光交相辉映，画面非常美。

图 10-6　使用定向延时模式拍摄晚霞

10.2 建　筑

对于高大的建筑来说，用鸟瞰视角来拍摄，可以呈现出不同寻常的画面。无人机可以多视角地拍摄气势恢宏的建筑，尤其是高楼大厦，航拍视角能展现出其高耸和立体的特点。在实际拍摄的过程中，可以用不同的运镜技巧来拍摄建筑视频，画面会更有冲击力。本节将介绍航拍建筑的技巧。

10.2.1 前飞仰拍

对于高耸的楼盘建筑，可以让无人机在前飞靠近建筑物的同时，调整相机镜头的角度，仰拍建筑，让建筑显得更加高大，如图 10-7 所示。

拍摄方法如下。

右手向上推动右摇杆，让无人机前进飞行，同时左手向右拨动云台俯仰拨轮，让无人机相机镜头慢慢仰拍建筑。

图 10-7　使用前飞仰拍镜头拍摄高楼建筑

10.2.2　长焦侧飞

运用长焦镜头，可以让画面具有压迫感，同时让无人机进行侧飞，景别由近及远发生变化，这样的画面更显层次感，如图 10-8 所示。

图 10-8　使用长焦侧飞镜头拍摄建筑群

拍摄方法如下。

无人机开启 3 倍变焦，用户向右推动右侧的摇杆，让无人机慢慢向右侧飞，拍摄到高楼后面的建筑群。

10.2.3　上升前进俯视

在航拍时，上升前进俯视镜头具有一定的操作难度，画面角度在不断变化，这需要打杆和云台调整相配合好，同时还需要注重画面的构图，如图 10-9 所示。

拍摄方法如下。

用户向上推动左摇杆，让无人机上升飞行，同时向右拨动云台俯仰拨轮，让无人机俯视拍摄，还需要向上推动右摇杆，让无人机前进飞行至桥梁建筑物的上方。

图 10-9 使用上升前进俯视镜头拍摄桥梁建筑

10.3 公 园

公园是一个城市文化底蕴和精神风度的表达，记录着城市中心内涵的更替和成长，反映着市民的品味和素质追求，见证了城市的发展，它更像是一种细胞，流淌在城市的血液中。不同角度、不同光线下的公园会有不同的风光美景，本节将介绍航拍公园的相应技巧。

10.3.1 前进上摇

在拍摄前进上摇镜头的时候，需要云台配合得当，还需要注意画面内容的变化，先找寻前景，再转换画面内容，实现“柳暗花明又一村”的视觉效果，如图 10-10 所示。

图 10-10 使用前进上摇镜头拍摄公园风光

拍摄方法如下。

云台先俯拍前景，用户向上推动右侧的摇杆，让无人机前进飞行，同时左手向右拨动云台俯仰拨轮，让无人机镜头慢慢上摇，拍摄前方的风景。

10.3.2 向左飞行

公园中一般会有江、湖、海、河、池塘等水流，在水面的映衬下，周围的建筑物、树木等物体会形成相应的倒影，这时使用水平线构图方式拍摄，就会让画面具有对称感，同时让无人机进行侧飞，让画面同时具有流动感，如图 10-11 所示。

图 10-11 使用向左飞行镜头拍摄公园风光

拍摄方法如下。

无人机先飞行至一定的高度，调整云台的俯仰角度，让周围的建筑物和水面倒影形成上下对称构图，用户右手向左推动右摇杆，让无人机向左边侧飞，拍摄向左飞行镜头。

10.3.3 俯视前飞

对于公园中有对称感的道路、园林等建筑，使用垂直 90° 朝下的俯拍角度，可以让画面更有几何感，同时还需要无人机飞升到相应的高度，才能把画面拍全，让无人机在前飞的时候，展现更多的风光画面，如图 10-12 所示。

图 10-12 使用俯视前飞拍摄公园风光

拍摄方法如下。

向左拨动云台俯仰拨轮，使无人机相机 90° 垂直朝下，向上推动右侧的摇杆，让无人机前进飞行，拍摄俯视前飞镜头。

10.4　人　像

无人机不仅可以用来航拍风景，还可以用来航拍人像，从而呈现出更大的视野空间，拍摄出别样角度的人像照片和视频。在航拍人像的过程中，需要先掌握注意事项和拍摄技巧，用来指导实战拍摄。本节将介绍航拍人像的技巧，帮助读者拍出精彩大片。

10.4.1　后退镜头

在人物进场的时候，可以使用后退镜头拍摄，让主体慢慢变小，背景环境慢慢变大，交代地点环境，如图 10-13 所示。

图 10-13　使用后退镜头拍摄人物进场

拍摄方法如下。

无人机相机平拍人物，在人物进场的时候，用户向下推动右侧的摇杆，让无人机实现后退飞行，拍摄后退镜头。

10.4.2　环绕跟随

环绕跟随镜头是指无人机环绕人物一些角度，之后聚集运动中的人物进行侧飞跟随，如图 10-14 所示。

图 10-14　使用环绕跟随镜头聚焦人物

拍摄方法如下。

在人物向右侧前行的时候，用户向左侧推动右摇杆，向右侧推动左摇杆，让无人机环绕人物，之后松开左手，向右侧推动右摇杆，让无人机跟随拍摄人物。

10.4.3 渐远镜头

渐远镜头也叫后退拉高镜头，是指无人机一边后退一边上升飞行，最后的大远景画面适合用来交代人物的退场，如图 10-15 所示。

图 10-15 使用渐远镜头拍摄人物退场

拍摄方法如下。

向下推动右侧的摇杆，让无人机后退飞行，同时向上推动左侧的摇杆，让无人机上升飞行，拍摄后退拉高镜头。

10.5 烟 花

在拍摄烟花时，无人机相比手机和相机而言，有一定的优势，因为无人机可以突破地点和高度的限制，拍摄出更广阔、更全面的烟花盛宴。如何用无人机航拍出烟花的绚烂和惊艳呢？本节将介绍相应的拍摄技巧和视频实拍教学，帮助读者掌握航拍烟花的精华。

10.5.1 前景拍摄

如果画面中只有烟花，画面会显得比较单薄，为了让画面丰富又有趣味性，可以借用前景拍摄，比如建筑、人群、街道等前景，来衬托烟花，如图 10-16 所示。

图 10-16 使用前景镜头固定拍摄烟花

拍摄方法如下。

在无人机处于高空中时，调整无人机的位置和相机云台的俯仰角度，以建筑物为前景，且使用对称构图拍摄烟花。

10.5.2　上升镜头

无人机从地面上升到高空中时有一段距离，在周围有建筑物的时候，可以使用上升镜头，慢慢地展示出烟花主体，让观众更有代入感，如图 10-17 所示。

图 10-17　使用上升镜头拍摄烟花开场

拍摄方法如下。

无人机相机平拍，并降低一定的高度，用户向上推动左侧的摇杆，让无人机实现上升飞行，拍摄上升镜头。

10.5.3　前进镜头

如果无人机离烟花有一定的距离，可以使用前进镜头，让烟花慢慢占据整个画面，增强画面的视觉冲击力，如图 10-18 所示。

拍摄方法如下。

无人机平拍烟花，且离主体有一定的距离，用户右手向上推动右侧的摇杆，让无人机前景飞行，拍摄前进镜头。

图 10-18　使用前进镜头拍摄烟花

10.6 汽　车

航拍汽车是一项具有挑战和难度的工作，因为用无人机跟车具有一定的风险性，但可以利用有限的因素，为汽车拍一组大片。特别强调，所有的拍摄最好都要在保证安全的环境下进行操控，这样才能安全地完成拍摄任务。本节将介绍相应的拍摄技巧和运镜拍法。

10.6.1 前进追随

在汽车行进的时候，使用前进镜头，可以让无人机追赶上汽车，达到一个开场的效果，如图 10-19 所示，由于无人机需要追车，无人机飞行的速度需要大于司机驾驶的速度。

图 10-19　使用下降前进镜头追随汽车

拍摄方法如下。

当汽车在无人机前方的时候，用户向上推动右侧摇杆，让无人机朝着汽车的位置飞行，拍摄前进镜头。

10.6.2 拉升侧飞

俯拍镜头可以让画面具有几何感，可以使用斜线构图的方式拍摄道路，让无人机跟着汽车的行驶方向慢慢拉升和侧飞，展示更多、更全的环境画面，给观众留下更多的想象空间，如图 10-20 所示。

图 10-20　使用俯视拉升侧飞镜头拍摄

拍摄方法如下。

向左拨动云台俯仰拨轮，使无人机相机 90° 垂直朝下拍摄，向上推动左侧的摇杆，让无人机上升飞行，同时向左推动右侧的摇杆，让无人机向左侧飞行，拍摄俯视拉升侧飞镜头。

10.6.3 环绕上抬

使用环绕镜头，可以让画面更动感，再上抬相机镜头，展示无人机行进方向的画面，转移观众的视线，展示车子与环境的关系，如图 10-21 所示。

图 10-21 使用环绕上抬镜头拍摄汽车

拍摄方法如下。

向左推动左侧的摇杆，向右推动右侧的摇杆，让无人机逆时针环绕，之后向右拨动云台俯仰拨轮，让无人机慢慢上抬镜头，拍摄汽车。

10.6.4 后退上升

在视频结尾的时候，可以使用后退上升抬镜头拍摄，用汽车驶向远处的大远景来交代环境，宣告视频的结束，如图 10-22 所示。

拍摄方法如下。

无人机先靠近俯拍汽车，在汽车驶向远处的时候，用户向上推动左侧的摇杆，向下推动右侧的摇杆，让无人机后退拉高，并向右拨动云台俯仰拨轮，上抬相机镜头。

图 10-22 使用后退上升抬镜头拍摄

10.7 桥　梁

桥梁是比较常见的建筑，尤其是在有江、湖、海的城市，都会有造型多样的特色桥梁建筑。桥梁建筑一般具有强烈的线条感，用航拍的角度拍摄，可以最大化地展示桥梁的美。本节将介绍航拍桥梁的相应技巧。

10.7.1 侧飞上升

使用侧飞＋上升镜头可以多角度地展示桥梁以及其周围的环境，慢慢地展现主体，画面更有循序渐进感，让观众更易接受，如图 10-23 所示。

图 10-23　使用侧飞＋上升镜头拍摄桥梁

拍摄方法如下。

无人机先低飞至桥梁的下方，用户右手推动右摇杆，让无人机向左侧飞，穿出桥洞，然后左手向上推动左摇杆，让无人机慢慢地上升飞行，展示桥梁。在构图时，可以采用斜线构图技巧，让画面具有纵深感。

10.7.2 侧飞后退

从桥梁的侧面航拍，可以展示桥梁的对称美，这时可以采用侧飞＋后退拉升镜头拍摄视频，由近及远地交代桥梁周围的环境，如图 10-24 所示。

图 10-24　使用侧飞＋后退拉升镜头交代环境

拍摄方法如下。

无人机先贴近桥梁，处于桥梁的一侧，用户右手向左推动右摇杆，让无人机向左侧飞至桥梁中间的位置，然后右手向下推动右摇杆，让无人机再慢慢地后退飞行，同时抬升云台，让无人机后退一段距离，远离桥梁，展示大环境。

10.7.3　环绕主体

桥梁作为一个主体，可以采用环绕的方式拍摄，让无人机围绕桥梁飞行，画面更具动感，如图 10-25 所示。

图 10-25　使用环绕镜头拍摄桥梁

拍摄方法如下。

用户右手向右推动右摇杆，同时左手向左推动左摇杆，让无人机围绕桥梁进行逆时针飞行，在打杆的时候，保证无人机匀速飞行。

10.7.4　俯视下降

为了多角度展示桥梁的美，可以使用上帝视角拍摄，云台垂直 90° 朝下拍摄桥梁。如使用俯视下降镜头拍摄夜景桥梁，展示桥梁不一样的美，如图 10-26 所示。

图 10-26　使用俯视下降镜头拍摄桥梁夜景

拍摄方法如下。

调整云台俯仰拨轮至 90° 朝向地面，用户左手向下推动左摇杆，让无人机慢慢下降。在拍摄的时候，可以采用对角线构图技巧，展示桥梁的形态美。

10.8 宣 传 片

景区宣传片是为了促进旅游景区的宣传和推广而拍摄的视频，这些宣传片包括对景区的美景、特色文化、历史背景、游玩项目以及服务设施等方面的介绍，通过展示景区的吸引力和魅力，宣传片旨在吸引更多的游客前往该景区旅游观光，促进当地旅游业的发展。本节将介绍如何航拍景区宣传片视频的方法。

10.8.1 长焦上升

对于景区的地点建筑，比如牌匾、牌坊等建筑，可以用上升镜头进行拍摄，渐渐地揭示地点，如图 10-27 所示，由于景区的人流量比较大，所以还可以用 3 倍长焦镜头拍摄。

图 10-27　使用上升镜头揭示景区地点

拍摄方法如下。

无人机开启 3 倍长焦，用户慢慢地向上推动左侧的摇杆，让无人机实现上升飞行，拍摄大门牌坊。

10.8.2 前景上升

借用树木为前景，再次使用上升镜头，拍摄景区的单个建筑，由面到点，直到“真相慢慢浮出水面”，展示景区的建筑美，如图 10-28 所示。

图 10-28　使用前景上升镜头拍摄景区

拍摄方法如下。

开启 3 倍长焦，以大树为前景，让无人机处于和树木差不多的位置，向上推动左侧的摇杆，让无人机慢慢上升，拍摄前景上升镜头。

10.8.3　向右环绕

环绕镜头不仅可以突出主体，还能增强画面的动感和能量，当无人机处于高空中时，使用环绕镜头拍摄中景场景，如图 10-29 所示。

图 10-29　使用向右环绕镜头拍摄中景

拍摄方法如下。

无人机俯视拍摄，用户向左推动左侧的摇杆，同时向右推动右侧的摇杆，让无人机向右逆时针环绕飞行，拍摄环绕镜头。

10.8.4　后退结束

在后退镜头中，场面空间在不停地变大，许多新的元素进入了画面，形成了新的空间关系，所以非常适合用来作为总结镜头，进行升华，如图 10-30 所示。

图 10-30　使用后退镜头宣告视频结束

拍摄方法如下。

无人机先靠近拍摄主要的建筑物，之后用户向下推动右侧的摇杆，让无人机后退飞行，拍摄后退镜头。

本章小结

本章主要介绍了 8 大专题航拍实战技巧，包括航拍晚霞、建筑、公园、人像、烟花、汽车、桥梁以及宣传片等，每个专题都详细介绍了多种航拍技术，如抬头前飞、定向延时、长焦侧飞、俯视前飞、后退镜头、上升镜头以及拉升侧飞等，帮助读者轻松航拍出各类优秀作品。

课后习题

课后习题 1

鉴于本章知识的重要性，为了让读者能够更好地掌握所学知识，将通过课后习题进行简单的知识回顾和补充。

1．使用俯视旋转下降的航拍技法，拍摄出一段人像短视频作品，效果如图 10-31 所示。

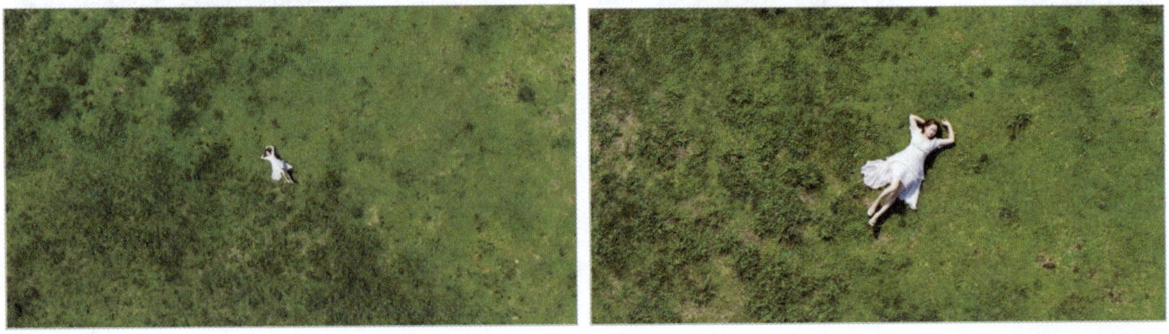

图 10-31　人像短视频作品

2．使用前进镜头的航拍技法，拍摄出一段公园风光短视频作品，效果如图 10-32 所示。

课后习题 2

图 10-32　公园风光短视频作品